アルゴリズム図鑑：絵で見てわかる 33 のアルゴリズム

演算法圖鑑

ALGORITHMS:
EXPLAINED AND
ILLUSTRATED

石田保輝 ·············· ［著］
宮崎修一

陳彩華 ·············· ［譯］

成功大學資訊工程系講座教授
兼成大研究發展基金會執行長
謝孫源 ············· ［審訂］

33 種演算法 + 7 種資料結構，人工智慧、數據分析、邏輯思考的原理和應用全圖解

前言

本書是以 iPhone 和 Android 的 APP「アルゴリズム図鑑」（演算法圖鑑）為基礎，用圖解仔細説明各種演算法和資料結構，希望能幫助讀者理解基本的演算法運作和特徵。

即便是要達成相同目的，不同的演算法性質也相差甚遠。比方説，某個演算法雖然執行時間短，卻會消耗大量記憶體；反之，某個演算法執行時間長，卻能節省記憶體的使用。知道越多演算法，就表示設計程式時有更多選擇。根據情況來選擇最適當的演算法，是成為優秀程式設計師的條件之一。

如果對演算法有興趣，可以考慮挑戰研究「尚未找到高效演算法的問題」或「用各種演算法仍無法解開的問題」等，名為「演算法理論」的學問。

石田保輝

演算法是一種執行程序，用來執行解決問題時的計算，為電腦程序的最初步驟。就算是用電腦處理同樣的問題，得到答案前的執行時間長短也會因演算法的優劣而大幅變動。此外，為了執行高效的演算法，必須使用恰當的資料結構。本書的目的，就是要讓初學者也能容易理解演算法和資料結構。

本書的基礎是 iPhone 和 Android 的 APP「アルゴリズム図鑑」。APP 中以動畫解説演算法的運作，而本書不遜於 APP，盡可能用豐富的圖解來説明。此外，藉由出版本書的機會，我們新增了 APP 沒有的章節：「何謂演算法？」、「執行時間的量測方法」、「圖形的基礎」等，期許讀者能更進一步理解。

本書僅是演算法世界入門的一小步，關於演算法還有更多更深奧的學問。讀者閱讀本書後若對演算法產生興趣，歡迎更深入探索。

宮崎修一

致謝

本書使用了 APP「アルゴリズム図鑑」中的許多插圖，插圖作者光森裕樹先生非常爽快地應允我們使用這些插圖。翔泳社的秦和宏先生，從企劃的起草到編輯，甚至進度管理等所有過程，都諸多關照。在此向兩位致上由衷的謝意。

石田保輝／宮崎修一

Contents | 目次

關於 APP「アルゴリズム図鑑」(演算法圖鑑)

　　本書是由 iPhone 和 Android 的 APP「アルゴリズム図鑑」改寫而成,針對內容做部分新增或修改,特別是增加了基礎理論。

　　在 APP 中,是用動畫來解說本書中介紹的各種演算法。其中數種演算法可以變更設定,嘗試各種模式的運作。對照使用 APP 和書籍,將能幫助讀者更進一步理解。請依照以下步驟下載 APP 來多加利用。

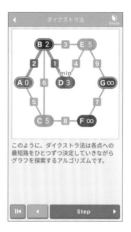

▶ iPhone / iPad 使用者

①登入 App Store
②點選「検索」,搜尋「アルゴリズム図鑑」
③點選「入手」(取得)

或者,利用下面的 URL 或 QR code 來下載
https://itunes.apple.com/jp/app/algorithms/
id1047532631?l=ja&ls=1&mt=8

▶ Android 機種使用者

①登入 Google Play 商店
②在畫面的搜尋欄位搜尋「アルゴリズム図鑑」
③點選「インストール」(安裝)

或者,利用下面的 URL 或 QR code 來下載
https://play.google.com/store/apps/details?id=wiki.
algorithm.algorithms&hl=ja

※APP可免費下載,試用操作數種演算法。如果要顯示所有項目,須在APP內支付費用。〔編注:此APP有日文介面和英文介面兩種版本,英文版的APP名稱為「Algorithms: Explained and Animated」〕

序章

演算法的
基礎

何謂演算法？

▌演算法與程式的差異

　　「演算法」是用以執行計算或完成作業的程序，可以想像成料理食譜，如果做出某種料理的步驟是食譜，那麼用電腦解出特定問題的步驟就是演算法了。這裡所說的問題類型繁多，如「由小到大重新排列散亂的數列」、「找到從出發點到目的地的最短路徑」等。

　　然而，食譜與演算法的決定性差異，在於演算法非常嚴謹。相較於食譜有很多概略的描述，演算法的所有步驟都用數學方式表現，沒有模糊地帶。

　　演算法與程式看似相似，但為了能在電腦上執行程式，必須用電腦能理解的程式語言撰寫程式，而演算法則是寫程式之前，為了讓人理解所撰寫的內容。然而，關於「到哪裡為止是演算法，從哪裡開始是程式」，並沒有明確的界線。

　　即使是相同的演算法，只要程式語言不同就會形成不同的程式。就算使用同樣的程式語言，也會因設計者不同而有差異。

▌重新排列整數的演算法～排序～

▶ 尋找較小的數並交換～選擇排序～

　　下面是演算法的具體範例。第 2 章將解說「排序」問題，也就是隨機輸入整數後，把數由小到大重新排列。

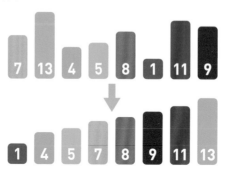

　　只是要解決上圖範例的話輕而易舉，但演算法必須能應對各種輸入內容，且為一般的描述方式。此外，下圖中輸入的整數個數 n 為 8，但不管 n 多大，演算法都必須能成立。

　　最先想到的，不就是下面的解法嗎？從輸入的整數中，找出最小的數，把它跟最左邊的數交換。如果是前頁的範例，找出最小值 1，和最左邊的 7 交換後，就變成下圖。

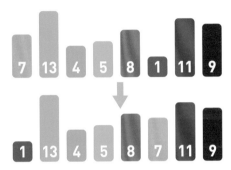

把 1 固定，不再移動。接著，找出剩下的數當中的最小值，和左邊第二個數交換。也就是 4 和 13 交換，形成下圖。

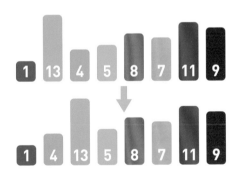

1 次的移動從開始到結束稱為「回合」（round）。一般而言，在第 k 回合時，會從剩下的數當中找到最小值，和從左算起第 k 個數交換。第 k 回合結束後，即表示從左開始的 k 個數已經由小到大排列完成。只要反覆進行上述步驟 n 次（輸入數的個數），所有的數就由小到大排列完成。

　　這裡說明的演算法，就是 2-3 節介紹的「選擇排序」。不管輸入什麼樣的內容，n 的值多大，都能求出正確答案。

▶ 寫出讓電腦理解的解法～演算法的設計～

　　電腦擁有數個基本指令，擅長高速執行這些指令，但卻無法執行複雜的指示。這些基本指令是如「相加」、「儲存在指定的記憶體位址」等。

　　電腦是以基本指令的組合來運作，應對複雜的作業時，也以組合這些基本指令來處理。如前面提到的「排序 n 個數」，對電腦而言非常複雜，因此將處理步驟寫成電腦能執行的基本指令組合，也就是設計演算法來解決排序的問題。

如何選擇演算法？

　　然而，用來排序的演算法不是只有「選擇排序」。能解決同一問題的演算法有多個時，要用哪個比較好？判斷演算法優劣的方法有很多。

　　例如，簡單的演算法讓人輕鬆理解，也比較容易寫成程式。此外，執行中需要較少記憶體區的演算法，優點是在記憶體容量較小的電腦上也能順利運作。

　　但一般而言，最重視的是執行時間，亦即輸入內容到輸出答案之間的時間。

重新排列 50 個數需要花費比宇宙歷史更長的時間？

▶ 用全域搜尋重新排列

　　為了體驗使用低效率演算法的結果，請見如下關於排序的演算法說明：

①製作一個由 n 個數排列而成的數列（必須是之前沒出現過的排列方式）。
②如果①產生的數列是從左開始由小到大排列，就輸出這個數列。若非由小到大的排列就回到①，重新排序數列。

　　把這個演算法稱為「全域搜尋演算法」吧。全域搜尋會確認所有的排列組合，所以不管輸入什麼樣的數列，一定會輸出正確答案。

　　不過，要等多久才會有答案呢？運氣好的話，非常快就可以找出答案並輸出。但實際上無法期待結果一定如此，考慮到不順利的情況，若最後一個確認的數列才是正確答案，就必須確認所有的排列方式。

　　n 個數的排列方式有 $n!$ 種（$n! = n(n-1)(n-2)\cdots\cdots 3 \cdot 2 \cdot 1$）。當 $n = 50$，情況如下：

$$50! = 50 \cdot 49 \cdot 48 \cdots\cdots 3 \cdot 2 \cdot 1 > 50 \cdot 49 \cdot 48 \cdots\cdots 13 \cdot 12 \cdot 11 > 10^{40}$$

第一個不等號是捨去 10 以下的數。第二個不等號是成立於不等號左邊排列了 40 個大於 10 的數。

假設使用高性能電腦，1 秒可以確認 1 兆（ = 10^{12}）個數列，那麼需要 $10^{40} \div 10^{12} = 10^{28}$ 秒。1 年等於 31,536,000 秒，小於 10^8 秒。因此，10^{28} 秒 > 10^{20} 年。

起源於大霹靂的宇宙年齡推測約 137 億年，比 10^{11} 年還短。換言之，使用全域搜尋演算法，就算只是排序 50 個數，等上宇宙年齡的 10^9 倍也等不到答案。

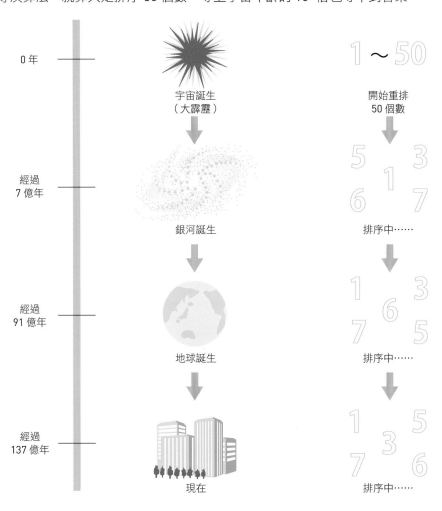

▶ 利用選擇排序來重排

如果是運用前述的選擇排序會如何呢？

首先，在第 1 回合中為了找出最小的數，從左邊開始一一確認數列的每個數，所以只要確認 n 個數即可。接著，第 2 回合是從 $n-1$ 個數當中找出最小值，所以也只要確認 $n-1$ 個數。像這樣持續進行到第 n 回合，確認這些數的整個過程所進行的回合數如下所示：

$$n + (n-1) + (n-2) + \cdots 3 + 2 + 1 = \frac{n(n+1)}{2} \leqq n^2$$

$n = 50$ 時，$n^2 = 2500$。若 1 秒可以確認 1 兆（ $= 10^{12}$ ）個數，則 $2500 \div 10^{12}$ $= 0.0000000025$ 秒就可求出答案。與全域搜尋相較，選擇排序的速度絕對更快。

▌ 了解輸入的大小與執行時間的關係

上一節的末尾說明了隨著演算法的不同,執行時間差異很大。這一節說明如何計算演算法的執行時間。

即使是同一種演算法,執行時間也會因輸入的量而有很大的差別。舉例來說,排序 10 個數與排序 1,000,000 個數,能想像後者需要較長的時間。然而,實際上相差多少呢?是 100 倍嗎?還是 100,000 倍呢?像這樣,不僅知道不同演算法會有不一樣的執行時間,了解使用同一種演算法時,執行時間將如何隨著輸入的量改變也很重要。

▌ 執行時間的計算方式

那麼,該如何測量執行時間隨輸入內容而變化的程度?最實際的方式是,編程並在電腦上運作,計算真正耗費的時間。不過就算是相同的演算法,也會因為使用的電腦不同,影響執行時間,這點會造成不便。

因此,使用「步驟次數」來表示執行時間。「1 個步驟」是執行的基本單位,用「運作結束之前,共執行幾次基本單位」來測量執行時間。

舉例來看,用理論求取選擇排序的執行時間。選擇排序的演算法如下:

①從數列中找出最小值。
②將最小值與數列最左邊的數交換,結束排序。回到①。

假設數列中有 n 個數,確認完 n 個數後,①「找出最小值」的過程即結束。將「確認 1 個數」的操作視為基本單位,耗費的時間是 T_c,因此,①是經過 $n \times T_c$ 的時間後結束。

接著,將「交換 2 個數」也視為基本單位,設定為耗費 T_s 的時間。如此一來,②的過程並不隨 n 變化,只進行 1 次數的交換,經過 T_s 的時間後結束。反覆進行①和② n 次,加上每回合要確認的數會減少 1 個,總計的執行時間如下:

$$(n \times T_c + T_s) + ((n-1) \times T_c + T_s) + ((n-2) \times T_c + T_s) + \cdots + (2 \times T_c + T_s) + (1 \times T_c + T_s)$$

$$= \frac{1}{2} T_c n(n+1) + T_s n$$

$$= \frac{1}{2} T_c n^2 + (\frac{1}{2} T_c + T_s) n$$

剩下最後一個數時無需確認，但為了計算方便，數式中包含了確認和交換的時間。

執行時間的表示方法

上面已求出執行時間，接著來看如何稍微簡化結果。T_c 和 T_s 是基本單位，與輸入無關。會隨輸入而變動的是數列長度，假設 n 極大的情況下，當 n 越大，上列數式中的 n^2 就會變得非常大，其他部分相對變小。因此，最容易受影響的是 n^2，所以可刪除其他部分，將式子變成如下所示：

$$\frac{1}{2} T_c n^2 + (\frac{1}{2} T_c + T_s) n = O(n^2)$$

根據此式可以得知，選擇排序的執行時間，大致會依輸入的數列長度 n 的平方成比例變化。

同樣地，比方說某個演算法的運作量分別如下：

$$5 T_x n^3 + 12 T_y n^2 + 3 T_z n$$

此時，用 $O(n^3)$ 表示。

$$3n \log n + 2 T_y n$$

此時，用 $O(n \log n)$ 表示。

O 這個符號表示「忽略重要項目之外的部分」的意思，唸做「order」。$O(n^2)$ 是表示「執行時間在最糟的情況時，能控制在 n^2 的常數倍以內」，正確的定義請參考專業書籍。重要的是，透過這種表示方式，可以直覺地理解演算法的執行時間。

舉例來說，當選擇排序的執行時間是 $O(n^2)$、快速排序的執行時間是 $O(n \log n)$，馬上就能知道快速排序的執行時間較短。此外，隨著輸入的 n 的大小，執行時間會有多大的變化也一目瞭然。

以上為演算法的基本說明。從下一章開始，將說明演算法的具體內容。

第 **1** 章

資料結構

何謂資料結構？

▌決定數據的順序和位置

　　數據儲存在電腦的記憶體中，而記憶體如下圖所示，呈現箱子排成一列的形狀。每一個箱子都存有一個數據。

記憶體

數據

數據

數據

當數據儲存在記憶體中時，決定數據的順序和位置的，就是「資料結構」（data structure）。

▌以電話簿的資料結構為例

▶ 例① 依序由上往下追加

　　舉個簡單易懂的例子，請試著看看自己的電話簿，雖然現在很多人會把電話號碼存在手機的通訊錄裡，但這裡請假設以寫在紙上的方式管理電話號碼。在極端的狀況下，每得到一組電話號碼，都由上往下依序寫在紙上。

姓名	電話號碼
宮下武	090-uuu-uuuu
川田美香	090-xxxx-xxxx
野崎順子	090-yyy-yyyy
淺田酒商	03-zzz-zzzz
...	...

這時要撥電話給「山下洋子」。因為資訊只單純以先後順序排列，所以不知道山下小姐的電話號碼寫在哪裡，只能從頭往下查詢（也可以「從最後開始」或是「隨機」尋找，但是所費精力相差無幾）。如果只有數組號碼馬上就能找到，但有 500 組紀錄的話就非常麻煩了。

▶ 例② 依姓名的五十音順序管理

接著用日文的五十音來管理電話號碼吧。此時，因為姓名是依辭典索引的順序排列，所以這類數據具有「結構」。

姓名	電話號碼
赤井（あかい）直紀	090-aaa-aaaa
秋山（あきやま）優子	090-bbb-bbbb
淺田（あさだ）酒商	03-zzz-zzzz
安達（あだち）裕也	090-ccc-cccc
...	...

如此一來，就能輕鬆找到對方的電話號碼了。可以從姓氏的第一個字推測出大致的位置。

不過，如果要在五十音順序的電話簿裡追加號碼，會發生什麼事呢？若要把最近新交的朋友「阿久津（あくつ）」的電話號碼記錄在電話簿裡，因為是根據五十音的順序，所以「阿久津」得加在「秋山」與「淺田酒商」之間，但如上表所示，兩者之間沒有空行，因此得將淺田酒商之後的號碼一行行往下移。

那麼，必須依序進行「在下一行寫上此行內容後清除此行」的操作，如果有 500 項聯絡資訊，就算 10 秒處理 1 項，1 個小時也完成不了。

▶ 各自的優缺點

統整上述內容，以先來後到的順序排列數據的方法，因為只要加在最後面，追加數據時相當容易，但查找就很費力了。反之，根據五十音排列數據的方法，便於查找卻不利於追加資訊。

兩種方法各有利弊，要用哪一種，取決於怎麼使用電話簿。如果電話簿製作完成後不再更新，後者的做法較佳。另一方面，須頻繁增加資訊卻不太需要查找，應該選擇前者。

▶ 試著組合先後順序與五十音？

接下來，進一步來看混合兩種方法截長補短的方式吧。將平假名「あ行」、「か行」、「さ行」……的每一「行」分成獨立的表格。在同一個表中，用先後順序追加聯絡資訊。

あ行

姓名	電話號碼
江川（えがわ）謙介	090-aaa-aaaa
淺田（あさだ）酒商	03-zzz-zzzz
小田（おだ）海人	090-zzz-zzzz
赤井（あかい）直紀	090-aaa-aaaa
…	…

か行

姓名	電話號碼
木下（きのした）博	090-aaa-aaaa
香川（かがわ）広治	090-bbb-bbbb
熊野（くまの）順久	03-zzz-zzzz
久見木（くみき）徹	090-ccc-cccc
…	…

さ行

姓名	電話號碼
千川（せんかわ）學	03-aaa-aaaa
…	…
…	…
…	…
…	…

　像這樣，新增資訊時，只要加在該平假名開頭的表格的最末行就好，檢索電話時也只需查看特定的表格。

　當然，因為各個表中的資訊無特別排序，必須從頭開始查詢，但至少比檢索整個電話簿輕鬆。

▌在資料結構下工夫，就能提高記憶體的使用效率

　資料結構的邏輯與上述電話簿相同。當數據儲存在記憶體中，根據目的妥善結構化數據，就能提高使用效率。

　本章將說明七種資料結構。前文所述是在記憶體中以一直線的方式儲存數據，而利用指標（pointer）等設定，還能打造如同圖形「樹狀結構」（tree structure）的複雜結構（4-2節將解說「樹狀結構」）。

◉ 參考：4-2 廣度優先搜尋 p.092

1-2

列表
list

列表是資料結構的一種，這類結構的數據排成一直線，便於追加或刪除，但存取數據卻很費時。

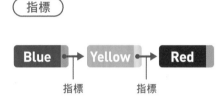

「Red」是最後的數據，所以「Red」的指標沒有指向任何位址

上圖為列表的概念圖。這裡儲存了「Blue」、「Yellow」和「Red」3 個字串（string）的數據，每個數據和一個指標配對，指向下一個數據在記憶體中的位址。

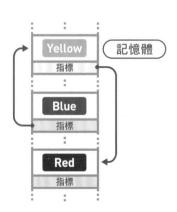

在列表中，數據不需要接續儲存在記憶體中，一般多是分散存在不同領域。

03

因為數據被分散儲存，所以只能從頭依序跟著指標存取各數據（稱為「順序存取」〔 se-quential access 〕）。舉例來說，要存取「Red」得先存取「Blue」。

04

順序存取

接著，還得連到「Yellow」，否則無法存取「Red」。

05

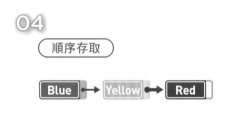

追加數據時，只要把追加位址前後的指標轉向即可。例如，想在「Blue」與「Yellow」之間追加「Green」。

06

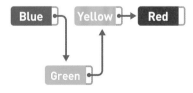

將「Blue」的指標轉向「Green」，再把「Green」的指標指向「Yellow」就加好了。

07

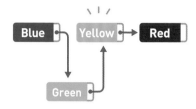

刪除數據同樣是將指標轉向。比如現在想刪除「Yellow」。

08

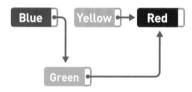

此時,將「Green」的指標從「Yellow」轉向「Red」即完成刪除。雖然「Yellow」還留在記憶體中,但已變成無法存取的狀態,所以不必特地抹除。之後若要用這個領域,只要覆寫就能再利用。

　　使用列表時要多少執行時間呢?假設儲存在列表中的數據有 n 個,存取數據時必須從列表的前端開始(也就是線性搜尋),如果想存取的數據在很後面,需要花費 $O(n)$ 的執行時間。

　　另一方面,追加數據時只需改變 2 個指標的指向,所以是與 n 無關的常數時間 $O(1)$;當然,前提為已經確定要追加數據的存取位置。同理,刪除數據只需耗費常數時間 $O(1)$。

▶參考:3-1 線性搜尋 p.082

▶ 補充

　　本節說明的列表是最基本的一種，另外還可簡單延伸出好幾種列表。

　　本節列表的最後一個數據不具指標，但如果將最後一個數據的指標指向第一個數據，就能形成環狀，稱為「環狀串列」或「循環串列」（circular list）。循環串列沒有頭尾的概念，用於想維持最新的數據為固定數量時。

循環串列

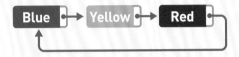

　　此外，本節列表的每個數據都只有 1 個指標，但也有帶 2 個指標、指向前後數據的「雙向串列」（bidirectional list）。這樣一來，列表就沒有前後之分，也能從另一端來存取，相當方便。

　　但在雙向串列中，因為指標的數量增加，缺點是必須增加數據儲存領域。此外，追加或刪除數據時，要變更方向的指標數也變多了。

雙向串列

No. 1-3 陣列
array

陣列是資料結構的一種，數據排成一列。相較於上一節介紹的列表，這種方式比較方便存取，但追加或刪除數據卻很費時費力。陣列就像 1-1 節敘述的那類依五十音順序排列的電話簿。

▶參考：1-1 何謂資料結構？ p.018

01

a 是陣列的名稱，後面 [ ] 裡的數代表其在陣列中的排行（此為陣列的索引，最初是「第 0 個」），例如「Red」是陣列 a 的第 2 個

a[0]　　a[1]　　a[2]

Blue　**Yellow**　**Red**

上圖為陣列的概念圖。其中存有「Blue」、「Yellow」和「Red」3 個字串。

02

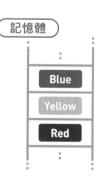

數據依序儲存在記憶體的連續領域中。

03

a[0]　　a[1]　　a[2]

Blue　**Yellow**　**Red**

因為儲存在連續領域中，所以能用索引來計算記憶體位址（記憶體中的位置），直接存取每個數據（稱為「隨機存取」〔 random access 〕）。

04 隨機存取

舉例來說，想存取「Red」時，如果使用指標就得從頭開始搜尋，但在陣列中只需指定 a[2]，就能直接存取「Red」。

05

陣列的缺點是，要在陣列中的任意位置追加或刪除數據，得付出高於列表的代價。這裡以追加「Green」到陣列的第二個位置為例。

06

首先，確保陣列的最後面留有追加數據的空間。

07

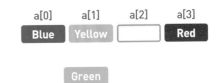

為了空出追加數據的空間，要將數據一個一個移開。先移開「Red」……

08

接著，移開「Yellow」。

09

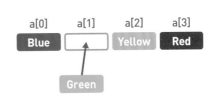

再追加「Green」到空出來的空間裡。

10

這樣就完成追加的步驟了。

11

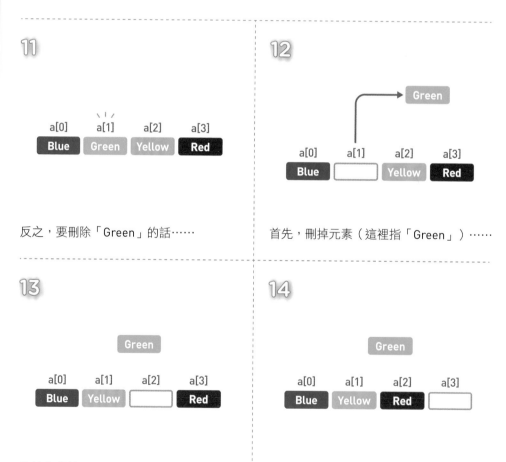

反之，要刪除「Green」的話……

12

首先，刪掉元素（這裡指「Green」）……

13

將其後數據一個一個移回空出來的空間。
先移動「Yellow」……

14

接著，移動「Red」。

最後刪除多餘的空間。這樣「Green」就刪除完成了。

解說

　　下面說明使用陣列的執行時間。假設有 n 個數據儲存在陣列中，因為能隨機存取（可用索引算出記憶體位址），所以可以用常數 O(1) 的執行時間來存取。

　　另一方面，追加數據時，得將指定位置後的數據分別往後移。如果在陣列最前端追加數據，就需要 O(n) 的時間。刪除也同理。

補充

　　列表和陣列都是將數據排成一列的結構，在列表中存取相當費時，但追加或刪除數據很簡單；反之，陣列存取簡單，但追加或刪除數據很麻煩。

　　選擇資料結構之前，請先考慮哪種操作比較頻繁再決定。

	存取	追加	刪除
列表	慢	快	快
陣列	快	慢	慢

No.
1-4

堆疊
stack

堆疊是資料結構的一種，同樣是將數據排成一列，不過像由下往上堆放的文件，只能從最新追加的數據開始存取。可以想像成每當有新文件就疊在現有文件的最上面，取出文件時也要從最上方開始拿起。

01

追加數據到堆疊中時，數據加在最上面

Blue

上圖為堆疊的概念圖。目前只有數據「Blue」儲存在堆疊中。

02

推入

追加數據到堆疊中的操作叫「推入」（push）

在這個步驟裡，數據「Green」被加到堆疊中。

03

推入

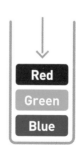

接著，推入數據「Red」。

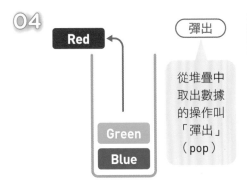

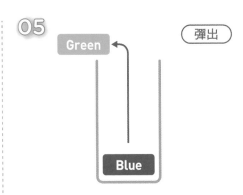

要從堆疊中取出數據，得從最上面，也就是最後追加的數據開始取出。此時，先取出「Red」。

再次彈出時，這次取出「Green」。

解說

堆疊這種後追加的數據先取出的「後進先出」原理，稱為「Last In First Out」，縮寫為「LIFO」。

與列表及陣列相同，堆疊也是將數據排成一列，但有只能從單邊來追加或刪除數據的限制。此外，存取數據只能從堆疊的最上方開始，如果需要中間的數據，必須反覆彈出直到該數據變成在最上面為止。

實用案例

雖然嚴格限制堆疊只能從單邊操作，好像不太方便，但從隨時都只存取最新數據的使用方法來看，其實相當便利。

以決定 (AB (C (DE) F) (G ((H) IJ) K)) 這串字列的括號的操作為例，從左讀取文字，每當出現左括號，就推入該位置到堆疊中；當出現右括號，則進行彈出取出數據，如此一來，就可從被取出的數據得知對應某一右括號的左括號位置。

此外，4-3 節說明的深度優先搜尋，能隨時在搜尋選項中選擇最新數據，所以可利用堆疊來管理選項資訊。

▶ 參考：4-3 深度優先搜尋 p.096

No.

1-5

佇列
queue

佇列和前述幾種資料結構相同，為數據排成一列的結構。雖然類似堆疊，但佇列是在兩端分別追加和刪除數據。正如佇列的別名「隊列」，數據就像是在排隊，在隊伍中，最晚到的人排在最後面，處理則從最先到的人開始進行。

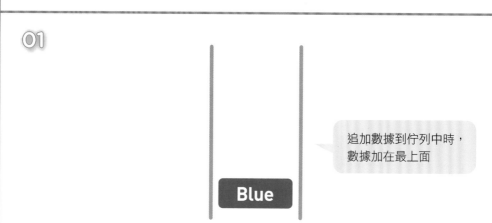

追加數據到佇列中時，數據加在最上面

上圖為佇列的概念圖。目前只有數據「Blue」儲存在佇列中。

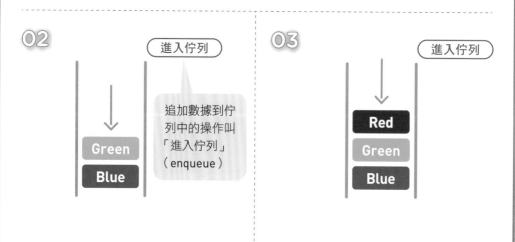

進入佇列

追加數據到佇列中的操作叫「進入佇列」（enqueue）

在「Blue」上追加了數據「Green」。

進入佇列

接著，數據「Red」也進入佇列。

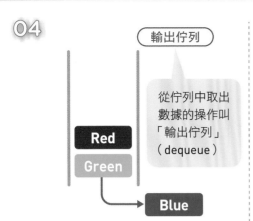

04

（輸出佇列）

從佇列中取出數據的操作叫「輸出佇列」（dequeue）

Red

Green

→ Blue

要從佇列中取出數據，得從最下面，也就是最早追加的數據開始取出。此時，先取出「Blue」。

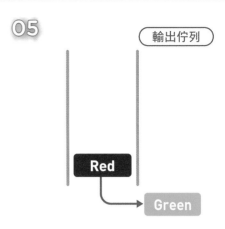

05

（輸出佇列）

Red

→ Green

再次輸出佇列，這次取出「Green」。

解說

　　佇列這種先存入的數據先取出的「先進先出」原理，稱為「First In First Out」，縮寫為「FIFO」。

　　與堆疊相同，佇列中能移動數據的區域有限。堆疊是追加和刪除都在同一邊進行，佇列則是在相反邊。和堆疊相同的是，得先輸出佇列，取出前面所有數據，否則無法存取夾在中間的數據。

▶ 實用案例

　　從舊有數據開始依序處理是極自然的想法，佇列因而廣受應用。4-2 節說明的廣度優先搜尋，從搜尋選項中優先取出最早的資訊，所以可用佇列來管理選項資訊。

● 參考：4-2 廣度優先搜尋 p.092

No.

1-6

雜湊表
hash table

　　雜湊表是資料結構的一種。利用 5-3 節說明的「雜湊函數」，有效率地進行數據搜尋。

▶ 參考：5-3 雜湊函數 p.128

01

鍵　　　值

Joe	M
Sue	F
Dan	M
Nell	F
Ally	F
Bob	M

分別用「M」和「F」表示男性和女性

雜湊表是儲存成對數據的資料結構之一，數據為成對的「鍵」（key）和「值」（value）。以存入每個人的性別為例，鍵為某人的姓名，值則是其性別。

02

Joe	M
Sue	F
Dan	M
Nell	F
Ally	F
Bob	M

為了凸顯雜湊表的特徵，先來看將相同數據儲存在「陣列」中的例子（陣列的說明參見 1-3 節）。

▶ 參考：1-3 陣列 p.026

03

0	Joe	M
1	Sue	F
2	Dan	M
3	Nell	F
4	Ally	F
5	Bob	M

準備 6 個陣列的箱子並存入數據。接下來，試著查詢 Ally 的性別，因為不知道 Ally 儲存在陣列的第幾個箱子，所以需要從頭依序查詢，這個操作稱為「線性搜尋」（線性搜尋的說明參見 3-1 節）。

▶ 參考：3-1 線性搜尋 p.082

重點 一般而言,可以將「鍵」想成是某一數據的識別符號,「值」則是數據的內容。

04

儲存在 0 號箱子的數據的鍵是「Joe」,而非「Ally」。

05

1 號箱子裡的鍵也不是「Ally」。

06

接下來,2 號、3 號箱子裡的鍵也都不是「Ally」。

07

儲存在 4 號箱子裡的鍵符合「Ally」。取出對應的值後,得知 Ally 的性別是女性(F)。

08

```
0   Joe  M
1   Sue  F
2   Dan  M
3   Nell F
4   Ally F
5   Bob  M
```

像這樣操作線性搜尋時，隨著數據數量增加，代價隨之增大。由此可知，當數據儲存在陣列中，搜尋數據費時，效率不佳。

09

```
0
1
2
3
4
```

解決這個問題的方法就是雜湊表。首先準備用來儲存數據的陣列，這裡準備了 5 個箱子，接著試著將數據存進去。

10

Joe

```
0
1
2
3
4
```

首先，考慮如何存入 Joe 的數據。

11

Joe → 4928
Hash

```
0
1
2
3
4
```

使用「雜湊函數」計算 Joe 的鍵（也就是字串「Joe」）之雜湊值。這裡得出 4928（雜湊函數的說明參見 5-3 節）。

● 參考：5-3 雜湊函數 p.144

12

 4928 mod 5 = 3

```
0
1
2
3
4
```

將求得的雜湊值除以陣列的箱子數 5，求出餘數。計算除法餘數值的運算法，稱為「mod 運算」。mod 運算結果為數值 3。

13

Joe  4928 mod 5 = 3

```
0
1
2
3  Joe M
4
```

依求出的數值 3，將 Joe 的數據存入陣列的第 3 個箱子。反覆進行同樣的操作，存入其他數據。

14

Sue  7291 mod 5 = 1

```
0
1  Sue F
2
3  Joe M
4
```

Sue 的鍵之雜湊值是 7291。用 5 進行 mod 運算得到 1，所以把 Sue 的數據存入陣列的第 1 個箱子。

15

Dan → 1539 mod 5 = 4

```
0
1  Sue F
2
3  Joe M
4  Dan M
```

Dan 的鍵之雜湊值是 1539。用 5 進行 mod 運算得到 4，所以把 Dan 的數據存入陣列的第 4 個箱子。

16

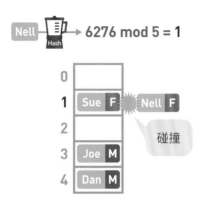

Nell 的鍵之雜湊值是 6276。用 5 進行 mod 運算得到 1，所以把 Nell 的數據存入陣列的第 1 個箱子。然而，第 1 個箱子已經存有 Sue 的數據。這種數據儲存位置重複的情況，稱為「碰撞」（collision）。

17

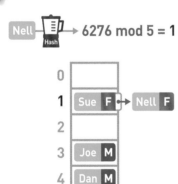

此時，將 Nell 用列表形式與先前儲存的數據連結。列表的説明參見 1-2 節。

▶ 參考：1-2 列表 p.022

18

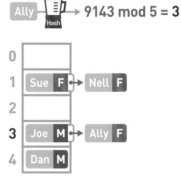

Ally 的鍵之雜湊值是 9143。用 5 進行 mod 運算得到 3。要將 Ally 的數據存入陣列的第 3 個箱子時，發現第 3 個箱子已經存有 Joe 的數據，所以用列表形式連結 Ally 的數據。

19

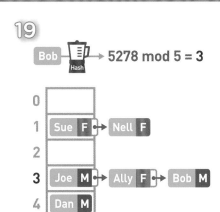

Bob → 5278 mod 5 = 3

0	
1	Sue F → Nell F
2	
3	Joe M → Ally F → Bob M
4	Dan M

Bob 的鍵之雜湊值是 5278。用 5 進行 mod 運算得到 3。要將 Bob 的數據存入陣列的第 3 個箱子時，發現第 3 個箱子已經存有 Joe 和 Ally 的數據，所以用列表形式連結 Bob 的數據。

20

0	
1	Sue F → Nell F
2	
3	Joe M → Ally F → Bob M
4	Dan M

至此，所有數據皆已儲存，雜湊表完成。

21

Dan

0	
1	Sue F → Nell F
2	
3	Joe M → Ally F → Bob M
4	Dan M

接著，說明搜尋數據的方法。以查詢 Dan 的性別為例。

22

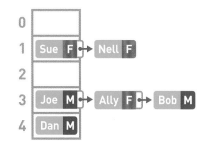

Dan → 1539 mod 5 = 4

0	
1	Sue F → Nell F
2	
3	Joe M → Ally F → Bob M
4	Dan M

為了找出 Dan 儲存在陣列的第幾個箱子，求出鍵是「Dan」的雜湊值，用陣列的箱子個數 5 進行 mod 運算，結果是 4，所以得知數據儲存在第 4 個箱子。

23

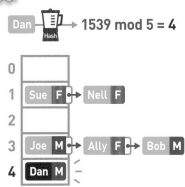

Dan → Hash → 1539 mod 5 = 4

儲存在陣列第 4 個箱子的數據的鍵和 Dan 一致,讀取對應的值。得知 Dan 的性別是男性(M)。

24

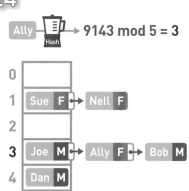

Ally → Hash → 9143 mod 5 = 3

接著來查詢 Ally 的性別吧。為了找出 Ally 儲存在陣列的第幾個箱子裡,求出鍵是「Ally」的雜湊值,用陣列的箱子個數 5 進行 mod 運算,結果是 3。

25

Ally → Hash → 9143 mod 5 = 3

儲存在陣列第 3 個箱子的數據的鍵是「Joe」,而非「Ally」。接著,以 Joe 的數據為起點進行線性搜尋。

26

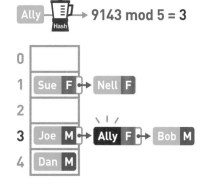

Ally → Hash → 9143 mod 5 = 3

找到鍵是「Ally」的數據。讀取對應的值,得知 Ally 的性別是女性(F)。

解說

　　雜湊表利用雜湊函數，得以快速讀取陣列中的數據。另一方面，雜湊值發生碰撞時，可以利用列表，在不確定儲存數據多寡的情況下仍可使用。

　　雜湊表的陣列規模如果過小，將導致碰撞次數增加，容易產生需要線性搜尋的情況。反之，若規模太大，會產生許多未儲存數據的空箱，造成記憶體空間浪費。因此，設定適當的陣列規模非常重要。

▶ 補充

　　要在陣列中存入數據卻發生碰撞時，利用列表將數據接續在已存入的數據後面，這種方法稱為「鏈結法」（chaining）。

　　除了鏈結法，發生碰撞時還有幾種處理方法，其中最廣為使用的是「開放定址法」（open addressing）：發生碰撞時，求出第二候補位址（陣列中的位置）並儲存；如果該位置已滿，繼續找下一個候補位址，直到找到空的位址。至於如何求出「下一個位址」，也有好幾種方法，如利用多個雜湊函數或「線性探測法」（linear probing）等。

　　但在 5-3 節關於雜湊函數的說明中，列出「無法從雜湊值推測出原始的值」的條件。此一條件適用於密碼等與安全性相關的用途，並非使用雜湊表的必要條件。

　　雜湊表能夠彈性儲存數據，又可快速讀取數據，常用於程式語言的關聯陣列（associative array）等。

No.
1-7

堆積
heap

堆積是圖形的樹狀結構之一，用於實踐「優先佇列」（priority queue）（樹狀結構的說明參見 4-2 節）。優先佇列是資料結構的一種，可以自由追加數據；讀取數據時，依序從最小值開始選取。能夠自由追加並從最小值開始讀取數據，即是優先佇列。此外，用來表示堆積的樹狀結構中，各個頂點稱為「節點」（node）。在堆積中，數據被儲存在各個節點上。

▶ 參考：4-1 何謂圖形？ p.088
▶ 參考：4-2 廣度優先搜尋 p.092

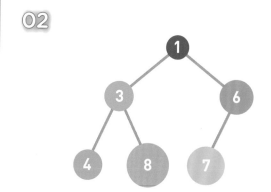

01

本例中，依 1、3、6、4、8、7 的順序填入數據

左圖為堆積的例子。寫在堆積的各節點上的數，就是被儲存的數據。堆積的每個節點最多可以擁有兩個子節點（child node）。另外，樹狀結構的形狀取決於數據的個數。節點從上方開始加入，位處同一階層時，則從左方開始加入。

02

此外，在堆積中儲存數據的規則是，子節點的數一定要比父節點（father node）大。因此，最小的數被存入樹狀結構最上方（根〔root〕）。為了遵守堆積的結構規則，追加數據時，會從最左下方的節點開始填入數據。當最下方的階層被填滿，產生新的一階，再從左方開始追加數據。

03

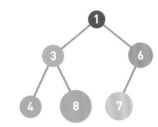

試著填入數（5）到堆積中。

04

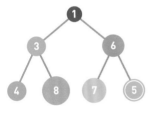

追加的數先被填入 ⑫ 說明的位置上。這時因為最下階有一個空位，所以（5）被填入此處。

05

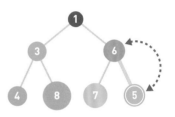

當父節點的數比較大，不符合堆積的規則時，父節點與子節點的數對調。

06

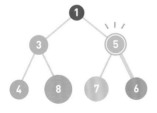

因為父 6 ＞子 5，所以對調兩者的數。反覆進行同樣的操作，直到無須把數對調。

07

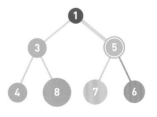

接著，父 1 ＜子 5，父節點的數小於子節點，所以無須對調。

08

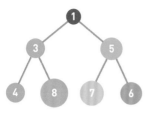

如此一來，數已加入堆積中。

09

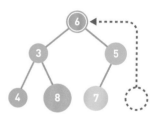

要從堆積中取出數時，從最上面開始，並維持最上面的數為最小值。

10

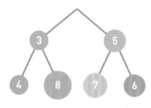

因為最上面的數已取出，所以需要重整堆積的結構。

11

將根據 01 的說明，順序在最後的數（此時是 6），移到最上方。

12

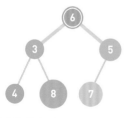

與父節點的數相比，子節點的數較小時，將父節點與兩個子節點當中數較小的一邊對調。

13

因為父 6 ＞子（右）5 ＞子（左）3，所以將父節點的數與左邊的子節點對調。反覆進行同樣的操作，直到無須把數對調。

14

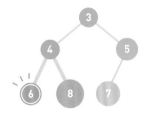

因為子（右）8＞父6＞子（左）4，所以將左邊的子節點與父節點對調。

15

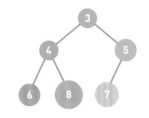

如此一來，數就被取出來了。

解說

因為堆積的最上方永遠是最小的數據，所以無論數據有多少，取出最小值的時間都是 O(1)。

此外，取出數據，重整堆積的結構時，必須將最尾端的數據提到最上面，與子節點比較後再往下排序。因此，執行時間與樹狀結構的高成等比。假設數據個數為 n，根據樹狀結構的條件得知，高是 $\log_2 n$，重整的執行時間是 O(log n)。

追加數據同理。在最尾端追加數據後，數據須反覆與父節點比較後往上移動，直到滿足堆積的條件，所以需要與樹狀結構的高成等比的時間 O(log n)。

⚑ 實用案例

如果需要頻繁地從管理的數據中取出最小值，使用堆積很方便。例如 4-5 節的戴克斯特拉演算法，從候選選項的頂點中，選出每個步驟裡代價最小的數據，此時也可能使用堆積來管理頂點。

▶ 參考：4-5 戴克斯特拉演算法 p.106

No.
1-8

二元搜尋樹
binary search tree

　　二元搜尋樹是資料結構的一種，使用圖形的樹狀結構（樹狀結構的說明參見 4-2 節）。二元搜尋樹是將數據存入各個節點。

● 參考：4-1 何謂圖形？ p.088
● 參考：4-2 廣度優先搜尋 p.092

01

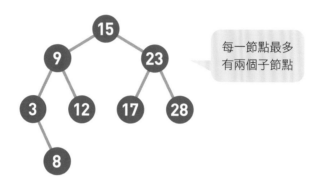

每一節點最多有兩個子節點

上圖為二元搜尋樹的例子。各節點上的數為數據。本例說明中，假設數均不相同。

02

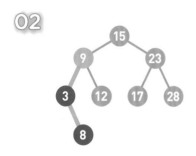

二元搜尋樹具有兩項特性。第一項特性：所有節點上的數都會大於連結在其左邊的節點上的數。例如，上圖中的節點 9 比任何在其左邊的節點上的數都大。

03

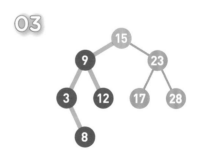

同樣地，節點 15 大於連結在其左邊的節點上的數。

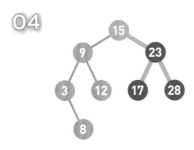

第二項特性：所有節點上的數都會小於連結在其右邊的節點上的數。例如，上圖中的節點 15 比任何在其右邊的節點上的數都小。

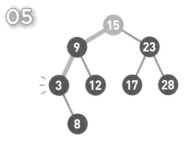

根據這兩項特性，可以推論出以下幾點：首先，從最上面的節點往左沿樹狀結構找到最尾端，即是二元搜尋樹的最小節點。上圖範例中的最小值是 3。

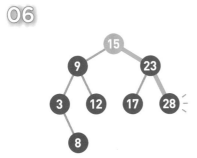

反之，二元搜尋樹的最大節點，位在最上面節點的右邊樹狀結構的最尾端。上圖範例中的最大值是 28。

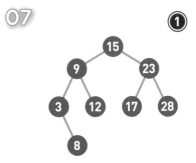

接下來，說明在二元搜尋樹上追加節點的步驟。以追加 1 為例。

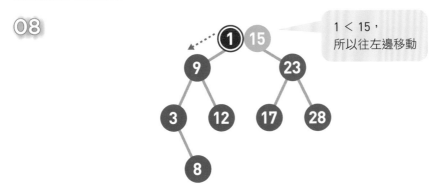

1 < 15，
所以往左邊移動

從二元搜尋樹最上面的節點開始尋找應該追加節點的位置。用想要追加的數 1，跟現有節點上的數相比，1 較小的話往左，較大的話往右。

09

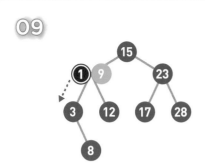

1＜9，所以往左邊移動。

10

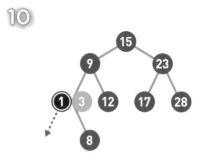

1＜3，所以往左邊移動。但左邊已經沒有節點了，所以需要新增一個節點。

11

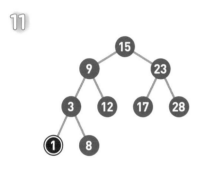

如此一來，1已追加成功。

12

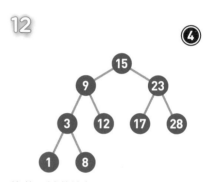

接著，試著追加4。

13

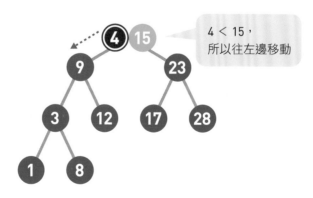

4＜15，所以往左邊移動

跟前面的步驟相同，尋找應追加的位置。從二元搜尋樹最上面的節點開始尋找。

14

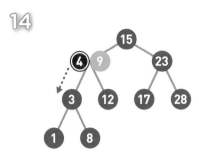

4＜9，所以往左邊移動。

15

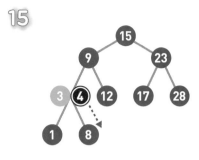

4＞3，所以往右邊移動。

16

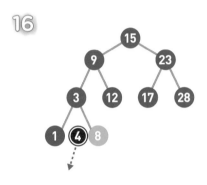

4＜8，所以往左邊移動。但左邊已經沒有節點了，所以需要新增一個節點。

17

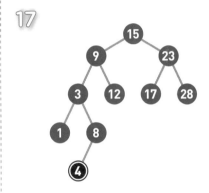

如此一來，4已追加成功。

18

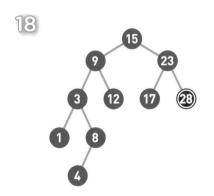

接下來，說明在二元搜尋樹上刪除節點的步驟。以刪除28為例。

19

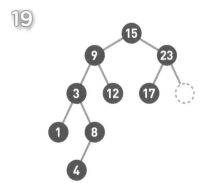

在沒有子節點的情況下，只須刪除目標節點即可。

20

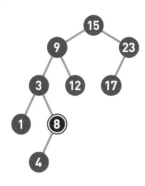

接著，試著刪除 8。

21

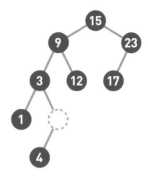

刪除只帶有一個子節點的節點時，先刪除目標節點……

22

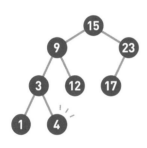

然後，只要將子節點移到被刪除的節點的位置即可。

23

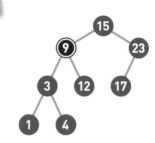

最後，試著刪除 9。

24

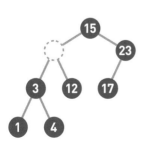

刪除帶有兩個子節點的節點時，先刪除目標節點……

25

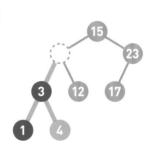

從連結在被刪除節點左邊的樹狀結構中，找出最大的節點。

26

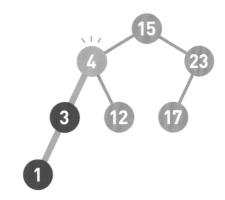

把最大的節點移動到被刪除節點原本的位置。如此一來，就能在維持二元搜尋樹的兩項特性下，完成節點的刪除。若被移動的節點（本例為 4）也有子節點，就反覆進行同樣的步驟（遞迴演算法的說明參見 8-6 節）。

▶ 參考：8-6 河內塔 p.246

27

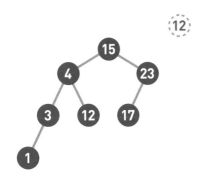

接下來，說明在二元搜尋樹上搜尋節點的步驟。以搜尋 12 為例。

28

12 < 15，
所以往左邊移動

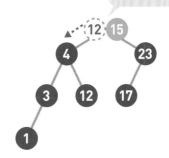

從二元搜尋樹最上面的節點開始搜尋。跟追加節點相同，比較 12 與現有節點上的數，12 較小的話往左，較大的話往右。

重點　本節範例在刪除 9 時，是移動「左邊樹狀結構的最大節點」，但也可以移動「右邊樹狀結構的最小節點」來達成同樣的目的。

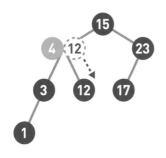

12 > 4，所以往右邊移動。

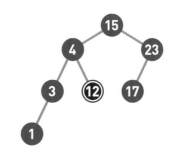

找到 12 了。

解說

　　二元搜尋樹可以想成是用樹狀結構來表現 3-2 節將說明的二元搜尋。只要滿足前述兩項特性，不管是搜尋資料或尋找恰當的追加位置，都只需要跟所在位置的數據比較大小，就可以確定該往左或往右。

　　而且比較的次數等同於樹狀結構的高度，也就是說，當有 n 個節點、樹狀結構的形狀達到平衡時，最多只要進行 $\log_2 n$ 次的比較和移動。因此，代價是 O(log n)。不過，當樹狀結構靠攏成縱向一直線的形狀，結構將變得很高，代價變成 O(n)。

▶ 補充

　　二元搜尋樹延伸形成的資料結構有許多種，例如「平衡樹」（self-balancing binary search tree）是在樹狀結構不平衡時，加以修正形狀，隨時維持結構均衡的資料結構，能夠保持搜尋的效率。

　　此外，本節介紹的二元搜尋樹，一個節點最多有兩個子節點，但也有將子節點擴張到 m 個（m 為事先設定的定數），藉由控制子節點的數量來確保樹狀結構平衡的「B 樹」（B-tree）。

第2章

排序

No.

2-1　何謂排序？

將數由小到大重新排列

假設下面為曾參加全國模擬考試的 10,000 名國中三年級學生的成績。

姓名	國語	數學	理化	社會	英文	總分
秋田五郎	84	43	66	77	72	342
水田優子	87	64	88	91	65	395
上野美紀	49	48	71	67	78	313
…	…	…	…	…	…	…

為了求出單一考生的綜合排名、各科目排名等，各科目分數和總分需要重新由高到低排列。

又如那些存在郵件軟體裡的郵件。

寄件者 ▼	主旨 ▼	收件日期 ▼
宮下武	關於下次的會面	6/1/2017 10:05
川田美香	確認行程	5/30/2017 18:01
野崎順子	謝謝您昨日來訪	5/30/2017 9:39
淺田酒商	關於訂購的品項	5/29/2017 11:45
赤井直紀	Re: 演算法的問題	5/25/2017 13:22
秋山裕子	敬請協助	5/24/2017 12:57
淺田酒商	新酒到貨	5/21/2017 16:10
安達裕也	研討會通知	5/20/2017 15:02

例如點擊「收件日期」時，郵件會依據收件日期和時間的先後重新排列，而點擊「寄件者」能將相同寄件者的信件排在一起。這是因為郵件軟體能將收件日期或寄件者當做數，由小到大排列。

許多情況需要像這樣將數由小到大（或由大到小）重新排列，此時排序的演算法就發揮作用了。

▌排序的定義

排序的英文是 sort，意指將輸入的數由小到大或由大到小重新排列。在日文中又稱為「整列」。下圖用棒子表示數，根據數的大小，棒子的長短不同。

輸入如上圖的數據，目標是像下圖般，讓數從左開始由小到大重新排列。

如果數只有 10 個左右，還可能單純以人工方式重新排序，但數據多達 10,000 個就相當困難。因此，使用效率良好的演算法變得十分重要。

▌排序的各種演算法

排序是基本問題，有各式各樣的演算法設計。本章接下來的小節分別說明每一種演算法。在本章的說明中，輸入的數的個數都是 n 個，為了說明方便，每個例子中的數都不重複，但請注意即使使用相同的數，演算法還是能正常運作。

2-2

氣泡排序
bubble sort

氣泡排序是反覆進行「由右往左，將相鄰的數兩兩相比後重新排列」的操作。因為數由右往左移動時，很像水中氣泡浮起的樣子，因而得名（亦稱泡沫排序）。

01

本例比較 7 和 6

在數列的右邊放一個天平，比較天平兩邊的數。相比的結果，如果右邊的數較小，則兩者對調。

02

因為 6 < 7，所以對調左右兩邊的數。

03

比較完之後，將天平往左移動一格，再次進行同樣的操作。結果為 4 < 6，所以無須把數對調。

04

8 > 4，所以對調

將天平往左移動一格。在天平到達最左邊之前，反覆進行同樣的操作。

05

這樣就完成了第 1 回合

反覆重新排列之後，天平抵達最左邊。經過這一連串操作，數列當中最小的數移動到了最左邊。

06

設定最左邊的數已排序完成……

07

將天平移回最右邊，反覆進行同樣的操作，直到天平移動到了左邊第二個數的位置。

08

這樣就完成了第 2 回合

天平抵達左邊數來第二個數的位置。數列中第二小的數被移到恰當的位置。

09

將天平移回最右邊，反覆進行同樣的操作，直到所有的數都排序完成。

10

9 > 6，所以對調

排序中……

11

9 > 8，所以對調

排序中……

12

排序完成。

解說

　　氣泡排序的比較次數是，第 1 回合 $n-1$ 次、第 2 回合 $n-2$ 次……到第 $n-1$ 回合 1 次。因此，比較的總次數是 $(n-1) + (n-2) + \cdots + 1 \approx n^2/2$。比較總次數與數據的排列順序無關，為定值。

　　數的重新排列次數，則與輸入數據有關。最極端的情況是數據剛好由小到大排序，完全不必重新排列。反之，數是由大到小排列的話，每次比較之後都要把數對調。因此，氣泡排序的執行時間是 $O(n^2)$。

No.

2-3

選擇排序
selection sort

選擇排序是反覆進行「搜尋數列中的最小值，將它與最左邊的數對調」的操作。搜尋數列中的最小值使用線性搜尋。

▶ 參考：3-1 線性搜尋 p.082

01

這裡排序數 1 ～ 9。

02

對數列進行線性搜尋，找出最小值。這裡找到最小值 1 了（線性搜尋的説明參見3-1 節）。

▶ 參考：3-1 線性搜尋 p.082

03

這樣就完成了第 1 回合

將最小值 1 與數列最左邊的 6 對調，完成排序。如果最小值已經在數列的最左邊，則無須操作。

04

對剩下的數進行線性搜尋，找出最小值。
這次找到最小值 2。

05

這樣就完成了第 2 回合

將 2 與左邊第二個數 6 對調，完成排序。

06

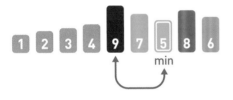

對所有的數進行相同操作，直到全部排序
完成。

07

排序完成。

解説

　　因為選擇排序使用線性搜尋，比較次數是第 1 回合 $n-1$ 次、第 2 回合 $n-2$
次……到第 $n-1$ 回合 1 次，因此，比較的總次數和氣泡排序相同，是 $(n-1) +$
$(n-2) + \cdots + 1 \approx n^2/2$。

　　此外，各回合最多把數對調 1 次。當輸入數據由小到大排列時，數不會對調。選
擇排序的執行時間和氣泡排序一樣是 $O(n^2)$。

No.

2-4

插入排序
insertion sort

插入排序是從數列的左邊開始，往右依次排序下去。過程中，左邊的數一一完成排序，右邊剩下尚未確認的數。在右邊尚未搜尋的領域中取出一個數，插入已排序完成的領域中的適當位置。

01

這裡同樣排序數 1～9。

02

輕而易舉就完成了第 1 回合

首先，將最左邊的數（5）設定為操作完成，此時只有 5 排序完成。

03

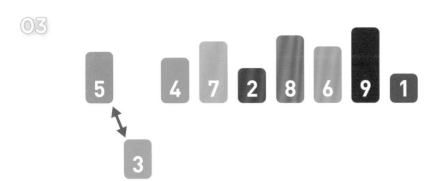

接著，從尚未搜尋的領域中，取出最左邊的數（3），與左側已排序完成的數比較。當左側的數較大，兩者對調。反覆進行同樣的操作，直到比自己小的數出現，或已排入最左邊為止。

04

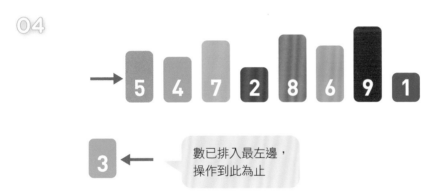

數已排入最左邊，
操作到此為止

此時，因為 5 ＞ 3，所以兩者對調。

05

這樣就完成了第 2 回合

設定數 3 為操作完成。3 和 5 都已排序，剩下右側七個數為未搜尋。

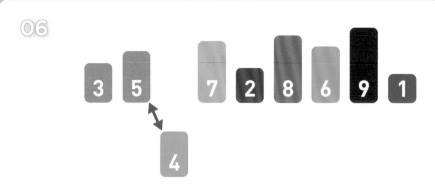

接著是第 3 回合。與剛才的步驟相同，取出未搜尋領域中最左邊的數（4），與左側的數比較。

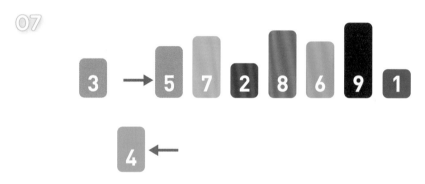

因為 5 > 4，所以兩者對調。接著與更左邊的數比較，因為 3 < 4，出現比自己小的數，所以停在此處。

設定數 4 為操作完成。3、4、5 都已排序，排序完成的領域越來越大。

像這樣左側已經沒有比自己大的數時⋯⋯

10

這樣就完成了第 4 回合

插入 7 就等同於排序完成。

11

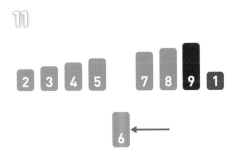

反覆進行同樣的操作，直到所有的數都排序完成。

12

當所有的數都操作結束，就完成了排序。

解說

　　插入排序是將每回合取出的數，與它左側的數比較。如前所述，當左側的數較小，無須再繼續比較，就結束這一回合，完全不必把數對調。

　　但若取出的數比排序完成領域中的所有的數都小，這個數移動到最左邊之前，要進行比較和對調。具體而言，第 k 回合必須進行 $k-1$ 次的比較和對調的操作。因此，最糟的情況是，第 2 回合 1 次、第 3 回合 2 次……第 n 回合發生 $n-1$ 次的比較和對調，所以執行時間和氣泡排序及選擇排序一樣是 $O(n^2)$。

　　換言之，插入排序最糟的情況與氣泡排序及選擇排序最糟的情況相同，都是輸入數據為相反的順序，也就是由大到小排列。

No. 2-5 堆積排序
heap sort

堆積排序的特徵是利用「堆積」資料結構。關於堆積的詳細說明參見 1-7 節。

▶ 參考：1-7 堆積 p.042

01

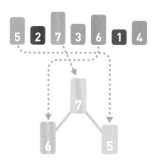

首先，將所有的數儲存到堆積中。把堆積排成遞降次序（descending order）的結構。

02

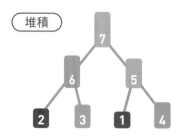

所有的數已存入堆積中。為了排序，必須一一取出堆積中的數。

遞降次序的堆積具有能由大到小依序取出數的性質，只要把數反向重排，就能完成排序。

03

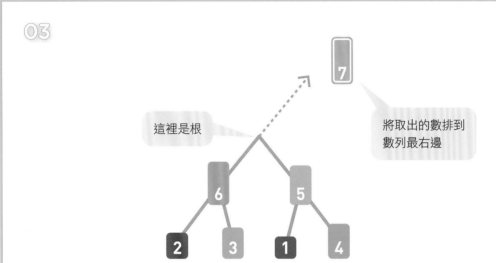

這裡是根

將取出的數排到數列最右邊

來實際操作吧。首先，取出根的數（7）……

04

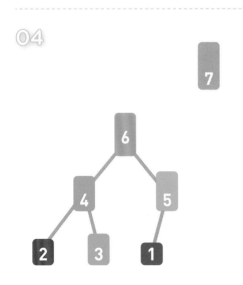

重新排列堆積。重新排列規則參見 1-7 節。
● 參考：1-7 堆積 p.042

05

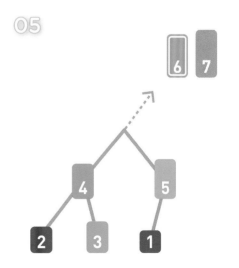

同樣地，取出根的數（6），排到數列右邊第二個位置……

06

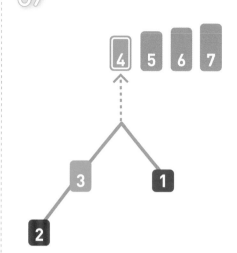

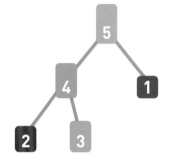

重新排列堆積。

07

之後，反覆進行同樣的操作，直到堆積變空為止。

08

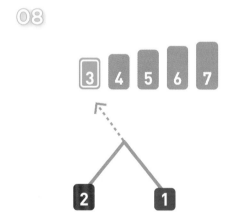

排序中⋯⋯

09

從堆積中取出所有的數，完成排序。

解説

　堆積排序最初要將 n 個數儲存到堆積中的時間是 O(n log n)。這是因為雖然是一個一個追加數據到空的堆積中，但堆積的高小於 $\log_2 n$，所以每一次追加所需的時間是 O(log n)。

　此外，每回合取出最大值，再重新排列堆積，所需的時間是 O(log n)。回合數是 n，堆積重整後接著排序的執行時間也是 O(n log n)。由此得知，堆積排序的整體執行時間是 O(n log n)。

　截至目前為止，與前述氣泡排序、選擇排序、插入排序的 O(n^2) 相比，堆積排序處理速度較快。但因為使用堆積這種複雜的資料結構，建置與維護也變得複雜。

補充

　一般而言，排序中的數的橫列由陣列決定。這次另外準備堆積這種資料結構來對應陣列。通常是將堆積排入存有數列的陣列裡，重新排列陣列上的數來進行排序。具體來說，堆積上的各個元素（節點）和陣列，具有如下圖的對應關係。如圖所示，可以說在陣列中堆積是被強迫塞滿的狀態。

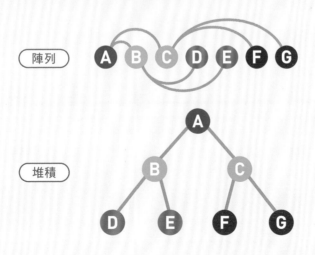

2-6

合併排序
merge sort

　　合併排序是將想要排序的數列分割成幾乎等長的兩個數列，直到無法再分割（也就是每個群組只剩下一個數）時，再整合（合併）各組數列。合併時是將已排序完成的兩個數列整合成一個排序完成的數列，反覆進行同樣的操作，直到全部的數形成一個數列。

01

第一步是將數列對半分割。

02

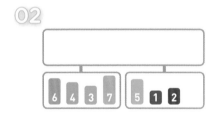

03

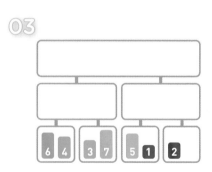

首先分割成兩組……

再繼續分割……

04

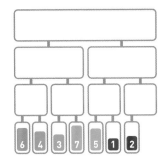

合併時,讓合併完成的群組內的數由小到大排列

分割完成。接著,整合分割後的各個數列。

05

6 和 4 合併,排序成 [4, 6]。

06

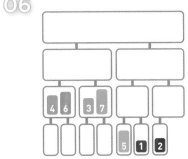

接著是 3 和 7 合併,排序成 [3, 7]。

07

這裡要比較排在前面的 4 和 3

接著,來看合併 [4, 6] 和 [3, 7] 的方法吧。像這樣要合併有兩個以上的數的群組時,比較排在前面的數,移動較小的數。

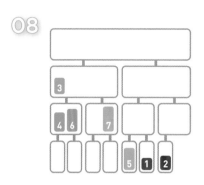

因為 4 > 3，所以移動 3。

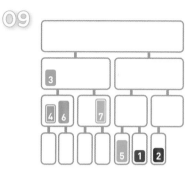

同樣地，比較剩餘數列中前面的數。

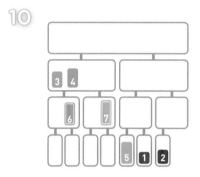

因為 4 < 7，所以移動 4。

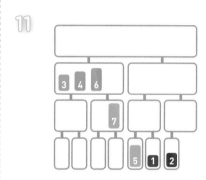

因為 6 < 7，所以移動 6。

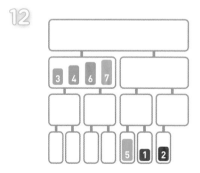

移動最後的 7。

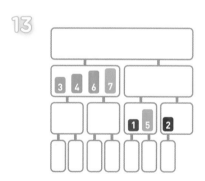

合併群組的操作，會反覆進行直到所有的數都整合成一個群組（關於遞迴，請參考 2-7 節的「補充」）。

▶參考：2-7 快速排序 p.074

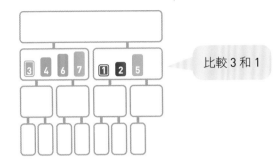

比較 3 和 1

這裡也是比較數列前面的數。

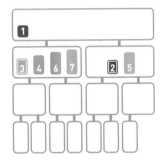

因為 3 > 1，所以移動 1。持續這樣的操作……

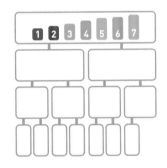

完成合併，數列排序結束。

解說

　　合併排序中，數的分割不需耗費執行時間（可以想成數列早已分割完成）。要合併兩個排序完成的數列時，只需反覆比較第一個數，將較小的數移動到上層的群組，所以執行時間跟兩個數列的長度有關。同一階層裡的合併執行時間，取決於該層的數的個數有多少。

　　然而，看圖可知，不管哪一層都是 n 個數，所以每一層的執行時間都是 $O(n)$。n 個數在合併成一個群組之前，被對半分割時的層數是 $\log_2 n$，所以全部有 $\log_2 n$ 層。換言之，整體的執行時間是 $O(n \log n)$，與上一節的堆積排序相同。

No.
2-7

快速排序
quicksort

　　快速排序是從數列中隨機選擇一個數做為基準（基準值〔 pivot 〕），接著將剩下的數分為「比基準值小的數」和「比基準值大的數」兩個群組，並配置如下：

　　　［比基準值小的數］　基準值　［比基準值大的數］

　　因此，只要排序完 [ ] 裡的數，即可完成整體的排序。而 [ ] 內的排序，同樣是用快速排序。

01

來看如何進行快速排序。

02

基準值

從數列中隨機選出一個數做為基準值。本例選擇 4。

03

將基準值以外的數與基準值進行比較。比基準值小的數往左移動，比基準值大的數則往右移動。

04

首先，比較 3 和基準值 4。

05

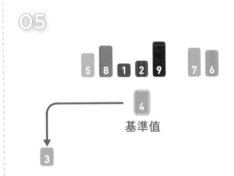

因為 3 < 4，所以將 3 往左移動。

06

接著，比較 5 和基準值 4。

07

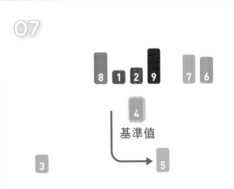

因為 5 > 4，所以將 5 往右移動。

08

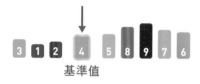

同樣比較其他的數和基準值 4，移動完成後如上圖所示。

09

插入基準值 4。如此一來，4 的左邊都是比 4 小的數，4 的右邊都是比 4 大的數。

10

此時，只要將 4 的左右兩邊分別排序，就完成了整體的排序。

11

左右兩邊也用和剛剛相同的方法排序。先看右邊的數列。

12

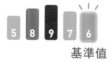

隨機選出一個數做為基準值。這次選 6。

13

基準值

將數列裡每個數與基準值 6 進行比較，比 6 小的數往左移動，比 6 大的數往右移動。

14

基準值

完成比較和移動。

15

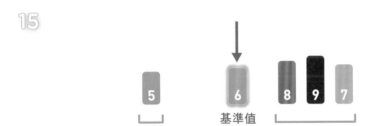

基準值

同前，分別排序數 6 的左右兩邊，就完成了這部分的排序。6 的左邊只有 5，等同於排序完成，無須進行任何操作。右邊同前，先選出基準值。

16

基準值

選 8 做為基準值。

17

基準值

將 9、7 與 8 進行比較後，分配到 8 的左右兩邊。8 的左右都只有一個數，所以此步驟結束。7 8 9 排序完成。

18

因為789已排序完成，
等同於56789也排序完成了。

回到上一階層，因為789已排序完成，
等同於56789也排序完成了。

19

基準值

因此，最初選擇的基準值4的右邊，排序
結束。

20

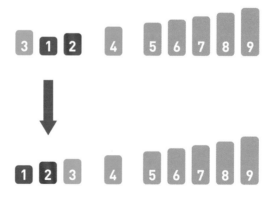

4的左邊用同樣的方法排序後，就完成了整體的排序。

補充

　　快速排序是「分治法」（分而治之〔 divide and conquer 〕）的一種。將原問題分成兩個子問題（比基準值小的和比基準值大的），再分別解決兩個子問題。各自排序子問題後，如前所述，最後只要接上這些子問題的數列，就能得到原問題的排序結果。

　　解決子問題時，同樣使用快速排序。在快速排序中更進一步使用快速排序。當子問題剩下一個數時，等同於排序結束。

　　這樣在演算法的內部又使用相同演算法的情況，稱為「遞迴」（recursion）。遞迴的說明參見 8-6 節。上一節說明的合併排序，其實也可視為使用遞迴的分治法。

▶ 參考：8-6 河內塔 p.246

解說

　　為了分解出子問題而選擇基準值時，若每一次都選擇會讓兩個子問題的大小是原問題一半的基準值，快速排序的執行時間等同於合併排序，為 $O(n \log n)$。這是因為合併排序也是將子問題對半分割的步驟，反覆進行 $\log_2 n$ 次後，讓每個子問題都只有單一元素，來完成排序。因此，根據基準值來分割數列的過程如下圖所示，畫出每一階層的圖示，整體變成 $\log_2 n$ 層。

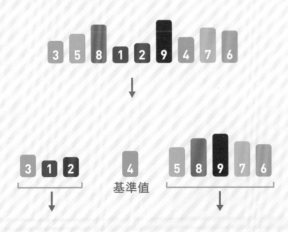

基準值

此外，每一階層中的每個數都只跟基準值比較一次，所以一層的執行時間是 O(n)，整體的執行時間是 O($n \log n$)。

另一方面，如果運氣不好，每次都選到最小值當基準值，每一次全部的數都會被排到基準值的右邊，遞迴次數就會是 n，執行時間變成 O(n^2)。這是因為每次最小值都排在第一位，排序過程變成和選擇排序相同。不過，若以相同機率從數列中選出基準值，到結束為止平均需要的執行時間是 O($n \log n$)。

第 **3** 章

陣列搜尋

No.
3-1

線性搜尋
linear search

　　線性搜尋是從陣列中搜尋數據的演算法（陣列的詳細說明參見 1-3 節）。和 3-2 節說明的二元搜尋不同，線性搜尋也能應用在數據散亂排列時。操作很簡單，從陣列的前端開始依序查詢數據。雖然可以儲存任何類型的數據，這裡為了方便理解，假設儲存的數據都是整數。

▶ 參考：1-3 陣列 p.026

01

這裡以搜尋數 6 為例。

02

首先，查詢陣列最左邊的數。與 6 比較，如果一致，搜尋結束；如果不一致，往右一個數繼續查詢。

與 6 比較的結果並不一致，所以往右一個
數繼續查詢。

找到 6 之前，反覆進行比較。

因為找到 6 了，所以結束搜尋。

　　因為線性搜尋是從頭依序比較，當數據量大且目標數據在陣列的後方，或者目標
數據不存在時，比較次數就會變多，而且耗費時間。當數據量為 n，執行時間是
$O(n)$。

No.
3-2

二元搜尋
binary search

　　二元搜尋是從陣列中搜尋數據的演算法。和 3-1 節說明的線性搜尋不同,這種演算法只適用於數據已排序完成的情況。將陣列正中央的數據與目標數據進行比較,判斷目標數據在中心數據的左邊或右邊。因此,比較一次就縮小一半的搜尋範圍。找到目標數據或確定目標數據不存在之前,反覆進行上述步驟。

01

這裡同樣以搜尋數 6 為例。

02

首先,查詢陣列正中央的數。這裡的結果是 5。

03

因為 5 < 6,
所以得知 6 在 5 的右邊

將 5 與搜尋的數 6 相比。

04

把不需要的數從選項中排除。

05

查詢剩下的陣列裡正中央的數。這裡的結
果是 7。

06

因為 6 < 7，
所以得知 6 在 7 的左邊

將 7 與 6 相比。

07

把不需要的數從選項中排除。

查詢剩下的陣列裡正中央的數。這裡的結果是 6。

6 = 6，找到目標數了。

解說

二元搜尋是使用排序過的陣列，可以讓每次搜尋的範圍減半，等到搜尋範圍剩下一個數據時，結束搜尋。

原本有 n 個數，反覆進行每次減半的操作 $\log_2 n$ 次後，數據剩下一個。換言之，二元搜尋進行 $\log_2 n$ 次「和陣列正中央的數比較，使搜尋範圍減半」的操作後，就能找到目標數（如果目標數不存在，也能得出該數不存在的結論）。因此，執行時間是 $O(\log n)$。

補充

二元搜尋的執行時間 $O(\log n)$ 與線性搜尋的 $O(n)$ 相比，速度約是後者的指數倍（若 $x = \log_2 n$，則 $n = 2^x$）。

但為了使用二元搜尋，每次都要先排序數據。因此追加數據時，必須插入恰當的位置，需要付出維護陣列的代價。

另一方面，在線性搜尋裡，陣列中的數據散亂無章也無所謂。追加數據時只要加在陣列的最後面，不必耗費代價。

選擇用哪一種搜尋時，需要考量較頻繁使用的操作是搜尋數據或追加數據，再據以決定。

第 4 章

圖形搜尋

No.

4-1　何謂圖形？

離散數學中的圖形

提到「圖形」（graph），多數人會聯想到圓餅圖、長條圖或數學的 $y = f(x)$ 圖形，但計算機科學或離散數學所用的「圖形」是如下圖。

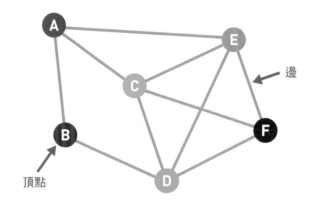

畫成圓形的地方稱為「頂點」（有時候也稱為「節點」）。此外，連接頂點和頂點的線稱為「邊」。也就是說，圖形呈現為擁有數個頂點，並用邊連接成對頂點的型態。

圖形可用來表現各種事物

因為現實中有許多事物都可用圖形來表示，所以圖形是非常方便的工具。比方說，假設舉辦一場派對，將每位參加者設為頂點，再把互相認識的兩個人用線連接，就形成了表示派對中所有參加者交友狀況的圖形。

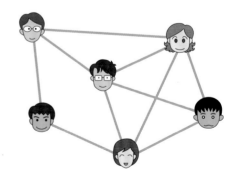

　再舉另一個例子，設車站為頂點，將鐵路上相鄰的兩個車站用線連接，就形成了表示鐵路路線圖的圖形。

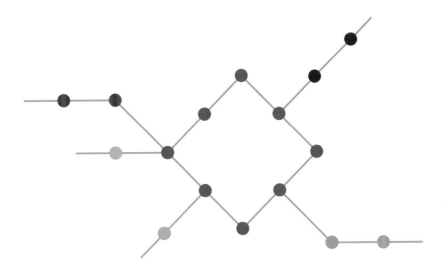

　此外，在計算機網路中，設伺服器為頂點，將互相連結的兩個伺服器用線連接，就形成了表示網路連接關係的圖形。

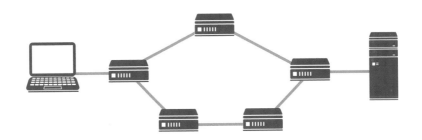

▌加權圖形

　前面的圖形範例都只用了頂點和邊。接下來，將介紹邊上附有數值的圖形。

　邊上的數值稱為邊的「加權」或「權重」，這類圖形稱為「加權圖形」（weight-ed graph）。當邊沒有權重時，兩個頂點只會處於「連接在一起」或「沒有連接在一起」的其中一個狀態；加上權重，就能表現「連接的程度」。

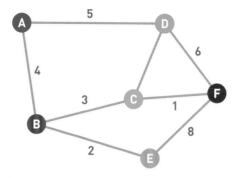

　　「程度」在此處代表的意義會隨著圖形表現的內容而異。例如，在計算機網路的圖形裡，將兩個伺服器之間收發數據時的通訊時間設為邊的權重，就能得到表示網路通訊時間的圖形。

　　此外，在鐵路路線圖中，把電車在兩個車站間移動的時間設為邊的權重，就能得到表示移動時間的圖形；而把兩個車站間的票價設為邊的權重，就得到表示移動所需費用的圖形。有時也會在頂點設定權重，但因為本書中並未收錄這類範例，所以省略說明。

▌有向圖

　　舉例來說，要在路線圖等圖形裡表示某個邊只能單向通行，有時會在邊上加註方向。這樣的圖稱為「有向圖」（directed graph）。網頁的連結具有方向性，使用有向圖非常方便。反之，邊不設方向的圖形，稱為「無向圖」（undirected graph）。

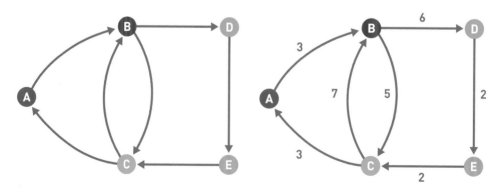

　　左圖可以從頂點 A 移動到頂點 B，但不能從 B（直接）移動到 A。而 B 和 C 具有雙向的邊，不管往哪一邊移動都行。

　　此外，和無向圖相同，有向圖也能在邊上設定權重。右圖從頂點 B 移動到頂點 C 的權重是 5，從 C 移動到 B 的權重是 7。製作表示移動時間的圖形時，如果從 B 到 C 是下坡的話，結果或許正如上圖所示，也就是有向圖也能表示非對稱的權重。

▍使用圖形的便利之處為何？

　　接下來將說明使用圖形的優點。假設給定圖形上的兩頂點 s 和 t 為一對，要找到一種演算法，可從 s 經由邊往 t 的路徑中，找出行經各邊的最小合計權重。

　　如此一來，這種演算法就可以應用來解決各式各樣的問題，像是找出計算機網路中通訊時間最短的路徑、鐵路路線中移動時間最短的路徑，或是找出鐵路路線中票價最便宜的路徑等。[1]

　　像這樣將各種事物用圖形這個工具來表示，算出圖形上問題的演算法，能用來解答不同型態的問題。

▍在本章可以學到的內容

　　本章將探討圖形搜尋、最短路徑問題、最小生成樹以及配對問題這類圖形基本問題的演算法。

　　圖形搜尋是指從某頂點出發，沿著邊搜尋頂點直到找到目標頂點的方法。根據搜尋的順序，可分為「廣度優先搜尋」和「深度優先搜尋」兩種。

　　最短路徑問題如上所述，從連接兩個給定頂點 s 和 t 的路徑中，找出邊的合計權重最小的路徑。

　　最小生成樹問題是從圖形選擇枝幹時，讓所有頂點相連，且使被選擇的枝幹權重為最小值的問題。

　　配對問題是從圖形中選擇枝幹來配對頂點的問題。本書是藉由表示人與工作的關係的「二分圖」，介紹盡可能產生越多配對頂點的演算法。

---

[1]　因為必須考慮電車轉乘時間和等待時間，票價也並非各站之間的合計金額，所以與現實情況多少有些出入。

No.

4-2

廣度優先搜尋
breadth-first search

　　廣度優先搜尋是圖形搜尋的演算法。最初假設自己在某個頂點（稱為「起點」），但不了解圖形的全貌。目的是從起點經由邊搜尋頂點，直到找到指定的頂點（稱為「目標頂點」）。抵達頂點時，可以判定這個頂點是否為目標頂點。廣度優先搜尋在搜尋頂點時，優先搜尋離起點較近的頂點。

01

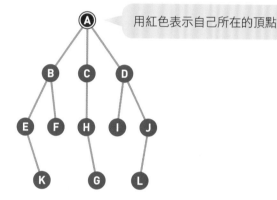

用紅色表示自己所在的頂點

設 A 為起點、G 為目標頂點。最初位於起點 A，但不知道 G 在哪裡。

02

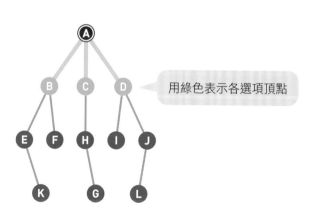

用綠色表示各選項頂點

從 A 可以抵達的頂點 B、C 和 D，為下一步可前進的頂點選項。

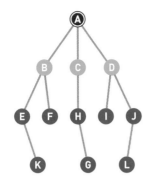

從選項中選出一個頂點。選擇的基準是從選項中選出最早被加入選項的頂點。如果是同一時間設定的頂點選項，則可任選其一。這裡假設選擇了左邊的頂點。

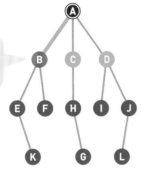

用橘色表示被選擇的頂點

這裡因為 B、C、D 同時被設為選項，所以選擇最左邊的 B。

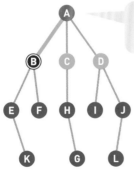

A 已經搜尋完畢，所以變成橘色

移動到選擇的頂點 B。因為現在來到 B，所以 B 變成紅色。用橘色表示搜尋完畢的頂點。

重點

頂點選項是用「先進先出」（FIFO）的方式管理，所以可以用「佇列」的資料結構。

▶參考：1-5 佇列 p.032

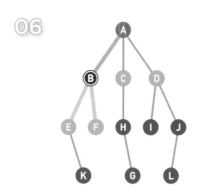

06

現在從 B 可以抵達的 E 和 F 加入為選項。

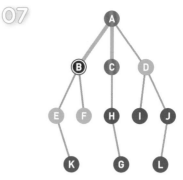

07

選項裡最早被加入的是頂點 C 和 D。這裡選擇左邊的 C。

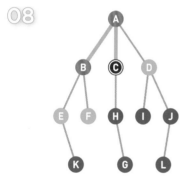

08

移動到選擇的頂點。

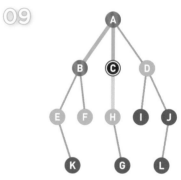

09

從 C 可以抵達的 H 加入為選項。

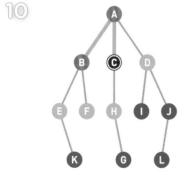

10

之後反覆進行同樣的操作直到抵達目標頂點，或是搜尋完所有的頂點。

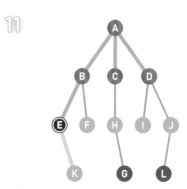

11

本例中以 A、B、C、D、E、F、H、I、J、K 的順序選出頂點。

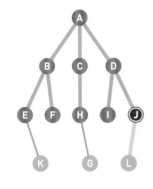

12

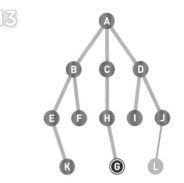

13

從 A 到 I 都搜尋完畢，現在位於 J。

因為抵達目標頂點 G，所以結束搜尋。

 解說

　　就像這樣，廣度優先搜尋具有從靠近起點的頂點開始廣泛搜尋的特徵，所以目標頂點離起點很近時，搜尋很快就會結束。

⚑ 補充

　　本節為了簡單說明，設定以沒有封閉迴圈（closed circuit）[2] 的情況為例，但迴圈存在時也能用相同方法搜尋。如本例中使用的由頂點連結而成但未形成迴圈的圖形，稱為「樹」（tree）。

[2]　如下圖所示，迴圈為起點和終點在相同路徑上的狀態。

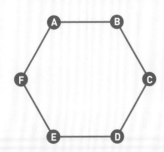

No.

4-3

深度優先搜尋
depth-first search

　　深度優先搜尋和廣度優先搜尋一樣是圖形搜尋的演算法。這項演算法的目的同樣是從起點抵達指定頂點（目標頂點）。深度優先搜尋在搜尋頂點時，先探查單一路徑，直到無法繼續前進，再折返探查下一個選項路徑。

01

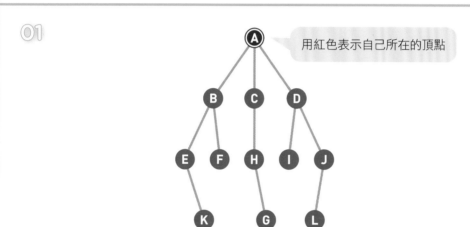

用紅色表示自己所在的頂點

設 A 為起點、G 為目標頂點。最初位於起點 A。

02

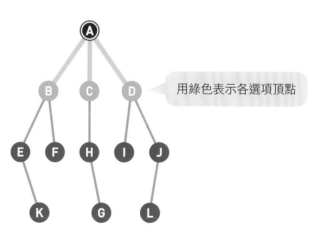

用綠色表示各選項頂點

從 A 可以抵達的頂點 B、C 和 D，為下一步可前進的頂點選項。

03

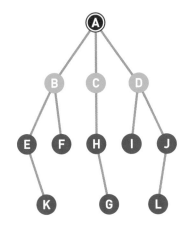

從選項中選出一個頂點。選擇的基準是從選項中選出最晚被加入選項的頂點。如果是同一時間設定的頂點選項，則可任選其一。這裡假設選擇了左邊的頂點。

04

用橘色表示被選擇的頂點

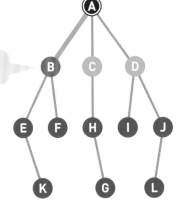

這裡因為 B、C、D 同時被設為選項，所以選擇最左邊的 B。

重點

頂點選項是用「後進先出」（LIFO）的方式管理，所以可以用「堆疊」的資料結構。

▶參考：1-4 堆疊 p.030

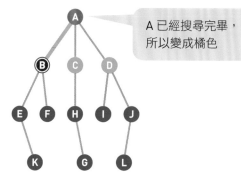

A 已經搜尋完畢，
所以變成橘色

移動到選擇的頂點 B。因為現在來到 B，所以 B 變成紅色。用橘色表示搜尋完畢的頂點。

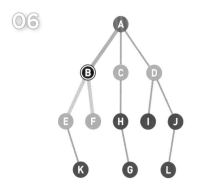

現在從 B 可以抵達的 E 和 F 加入為選項。

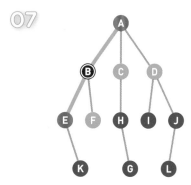

選項裡最晚被加入的是頂點 E 和 F。這裡選擇左邊的 E。

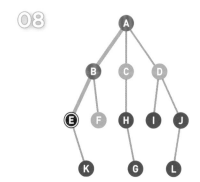

移動到選擇的頂點。

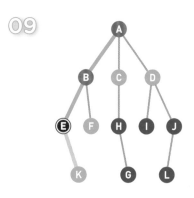

從 E 可以抵達的 K 加入為選項。

10

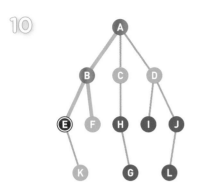

之後反覆進行同樣的操作直到抵達目標頂點，或是搜尋完所有的頂點。

11

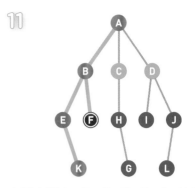

本例中以 A、B、E、K、F、C、H 的順序選出頂點。

12

現在搜尋到頂點 C。

13

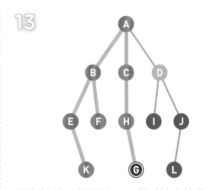

因為抵達目標頂點 G，所以結束搜尋。

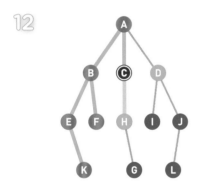

解說

　　就像這樣，深度優先搜尋具有深入單一路徑往下探查的特徵。廣度優先搜尋和深度優先搜尋的搜尋順序大不相同，但過程中的差異只有一個，也就是要從選項的頂點中選擇哪一個點。

　　廣度優先搜尋是選擇最早被加入選項的頂點，因為先從距離起點較近的頂點開始搜尋，所以會從起點附近依序探查。另一方面，深度優先搜尋是選擇最晚被加入的頂點，所以並不折返，而是一直深入新開發的路徑。

4-4 貝爾曼－福特演算法
Bellman-Ford algorithm

　　貝爾曼－福特演算法是計算圖形最短路徑問題的演算法。最短路徑問題是在賦予邊權重的「加權圖形」裡，指定「起點」和「終點」，求出從起點到終點之間，邊權重總和最小的路徑。

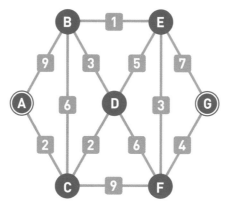

設 A 為起點、G 為終點來説明貝爾曼－福特演算法。

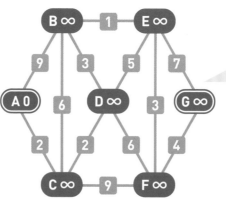

剛開始不知道到各頂點多遠（也可能抵達不了），所以設定為無限大

　　首先，設定各頂點的權重初始值。假設起點為 0，其他的頂點為無限大（∞）。這個權值表示從 A 到該頂點的暫定最短路徑的長度。隨著反覆演算，這個值會越來越小，最終趨於正確值。

03

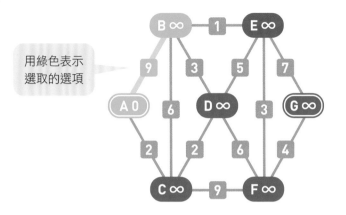

用綠色表示
選取的選項

從所有的邊當中選擇其中一個。這裡選擇連接 A－B 的邊。分別計算被選取的邊的其中一
個頂點到另一個頂點的權重,計算方法是「原頂點的權重＋邊的權重」。計算是單方向依
序進行,但不限制從哪一邊開始。這裡以權重小的頂點到權重大的頂點的方向來計算。

04

$0＋9＝9$

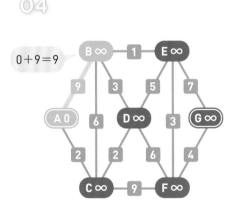

與頂點 B 相比,頂點 A 權重現況值較小,
所以先計算從頂點 A 到頂點 B 的情況。
頂點 A 的權重是 0,邊 (A, B) 的權重是
9,從頂點 A 到頂點 B 的權重是 0＋9,
等於 9。

05

用橘色表示路徑

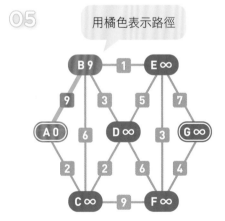

計算所得結果比現況值小時,權重更新為
新的數值。頂點 B 的現況值是無限大,而
9 較小,所以更新權重為 9。當值被更新,
把路徑是從哪個頂點連接而來記錄下來。

06

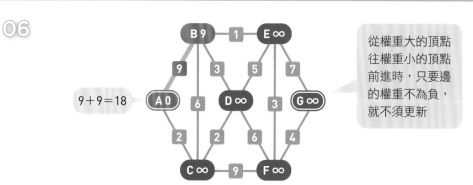

接著，計算從頂點 B 到頂點 A 反方向的情況。頂點 B 的權重是 9，從頂點 B 到頂點 A 的權重是 9＋9，等於 18。與頂點 A 的現況值 0 相比，0 較小，所以不更新權重。

07

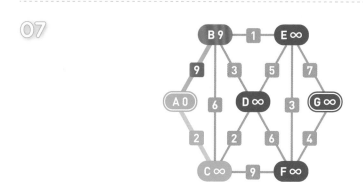

對所有的邊進行同樣的操作。雖然邊的順序可自定，這裡從最左側的邊開始計算。先選擇一個邊……

08

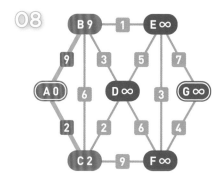

更新權重。頂點 C 的權重變成 2。

09

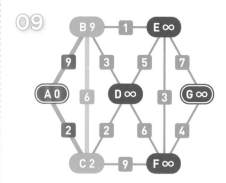

同樣再選擇一個邊……

10

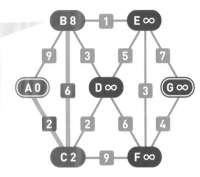

這裡頂點 B 的權重隨著邊 (B, C) 而更新，剛才通過的路徑 (A, B) 變成 (B, C)。因此 (A, B) 的橘色消失，標示新路徑 (B, C) 為橘色

權重更新完畢。現階段發現要從頂點 A 到頂點 B，相較於從頂點 A 直接到 B，經由頂點 C 的權重較小。

11

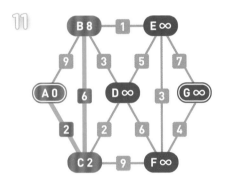

對所有的邊進行更新的操作。

12

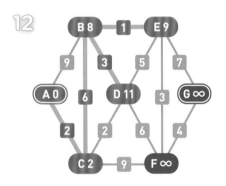

完成邊 B－D 和 B－E 的操作。

13

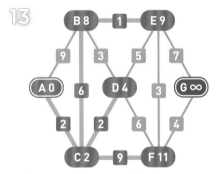

完成邊 C－D 和 C－F 的操作。

14

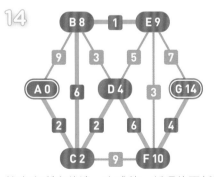

檢查完所有的邊，完成第一循環的更新操作。像這樣更新全部的邊的操作，反覆進行到權重無法更新為止。

15

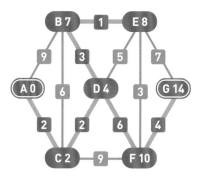

完成第二循環的更新。頂點 B 的權重從 8 變成 7，頂點 E 的權重從 9 變成 8，再進行下一循環的更新操作。

16

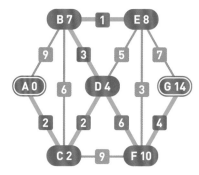

完成第三循環的更新，因為沒有頂點的權重被更新，所以結束更新操作。這時結束利用演算法的搜尋，求出從起點到全部頂點的最短路徑。

17

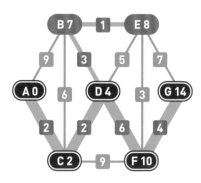

根據前面的搜尋，從起點 A 到終點 G 的最短路徑是 A－C－D－F－G，權重總和是 14。

解說

　　假設輸入圖形的頂點數為 n、邊數為 m，執行時間會是多久呢？貝爾曼－福特演算法進行 n 次更新操作的循環後就會停止。再加上一循環的更新操作中，會檢視所有的邊 1 次，所以一循環的執行時間是 $O(m)$，整體的執行時間是 $O(nm)$。

　　為了簡單說明，前面的圖解是以無向圖為範例，同一方法也能用在找出有向圖的最短路徑。選擇一個邊來計算頂點的權重時，無向圖中會如圖解的 03 ～ 06 進行雙向計算，但有向圖只會計算指向邊的方向。

補充

　　求取最短路徑時，通常邊的權重用來表示時間、距離或費用等代價，一般均是非負數[*3]。然而，使用貝爾曼－福特演算法時，就算權重為負也能正確運作。

　　但當圖形有迴圈且迴圈各邊權重總和為負，隨著不斷重複迴圈，每每總能讓路徑的權重變小。也就是說，最短路徑根本不存在。在這種情況下，就算對頂點進行 n 循環的更新操作，依舊能更新頂點的權重，所以可以判斷為「最短路徑不存在」。

　　與本節介紹的演算法不同，4-5 節說明的戴克斯特拉演算法在有負的權重時，有可能無法求出正確解答。

參考：4-5 戴克斯特拉演算法　p.106

[*3]　並非負數的數。換言之，就是0和正數。

小知識

這個演算法的名稱，得名自開發者理察・貝爾曼（Richard Ernest Bellman）和萊斯特・福特（Lester Randolph Ford Jr.）。貝爾曼也因創立演算法的主要分類之一「動態規劃」（dynamic programming）而廣為人知。

No. 4-5 戴克斯特拉演算法
Dijkstra's algorithm

戴克斯特拉演算法和上一節的貝爾曼－福特演算法一樣，都是用以解決最短路徑問題的演算法，求出從起點到終點之間，邊權重總和最小的路徑。

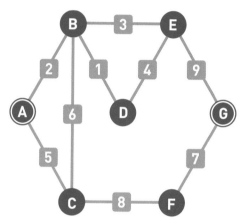

設 A 為起點、G 為終點來説明戴克斯特拉演算法。

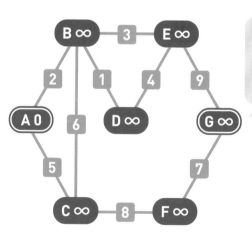

這裡的權重設定和貝爾曼－福特演算法相同，表示暫定的最短路徑權重

首先，設定各頂點的權重初始值。假設起點為 0，其他的頂點為無限大（∞）。

03

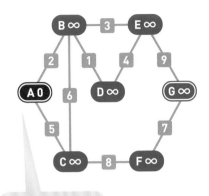

用紅色表示目前
位置的頂點

從起點開始。

04 用綠色表示選項

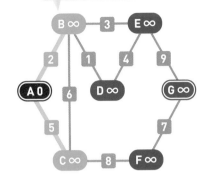

搜尋連接目前頂點且尚未被檢視的頂點。
將找到的頂點設定為下一個抵達的選項。
這裡頂點 B 和頂點 C 為選項。

05

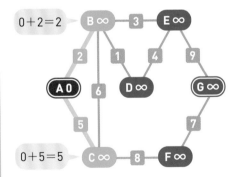

$0+2=2$

$0+5=5$

計算各選項頂點的權重。計算方法是「目
前位置的頂點的權重＋從該頂點到選項頂
點的權重」。以抵達頂點 B 為例，目前位
置的頂點 A 權重是 0，所以是 $0+2=2$。
同理，如果抵達 C，權重是 $0+5=5$。

06

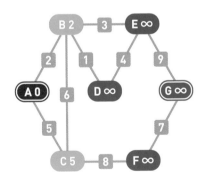

計算所得結果比現況值小時，權重更新為
新的數值。頂點 B、C 的現況值是無限
大，而計算結果較小，所以分別更新為新
的數值。

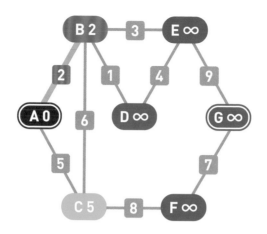

從選項頂點中，選出權重最小的頂點。這裡為頂點 B。現階段判定往選取的頂點 B 的路徑為 A－B，這是從起點到頂點 B 的最短路徑。理由是，如果使用其他路徑，一定會經過頂點 C，權重比路徑 A－B 高。

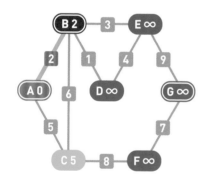

移動到被視為最短路徑的頂點 B。

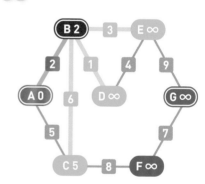

從目前位置的頂點可以抵達的頂點，加入為新的選項。這裡加入頂點 D、E，選項為 C、D、E。

小知識　這個演算法的名稱，得名自開發者艾茲赫爾・戴克斯特拉（Edsger Wybe Dijkstra）。他在 1972 年獲頒圖靈獎（Turing Award）。

10

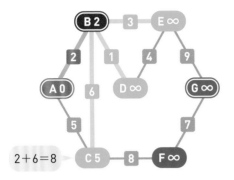

計算各選項頂點的權重，方法同前。從頂點 B 到頂點 C 的權重是 2＋6，等於 8。因為現況值 5 較小，所以不更新權重。

11

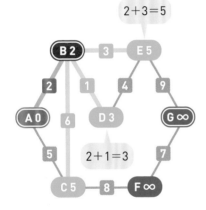

更新剩下的兩個頂點 D 和 E 的權重。

12

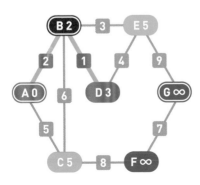

從選項頂點中，選出權重最小的頂點。這裡為頂點 D。現階段判定往選取的頂點 D 的路徑為 A－B－D，這是從起點到頂點 D 的最短路徑。

13

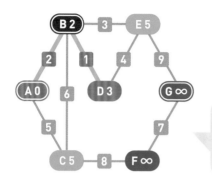

路徑 A－B－D 是從選項頂點中選出權重最小者所形成的路徑。因此，經由其他頂點抵達 D，權重一定會比現在高。

戴克斯特拉演算法就是這樣邊逐一判定往各頂點的最短路徑，邊搜尋圖形的演算法

14

3＋4＝7

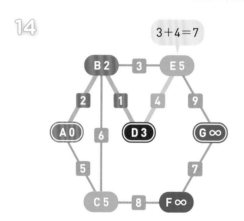

反覆進行同樣的操作，直到抵達終點 G。移動到 D 並計算 E 的權重，因為 3＋4＝7，所以不須更新。現在的選項是 C 和 E，兩者同值（5），所以任選其一皆可。

15

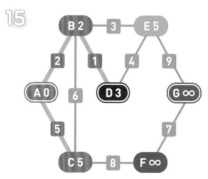

選擇 C。判定往 C 的最短路徑。

16

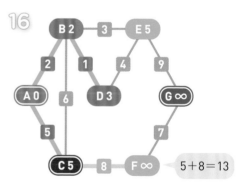

5＋8＝13

移動到 C。這次 F 成為新的選項，更新 F 的權重為 13。選項是 E 的 5 和 F 的 13，所以……

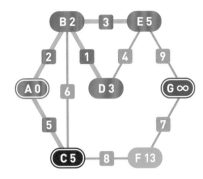

選擇較小的 E，判定往 E 的最短路徑。

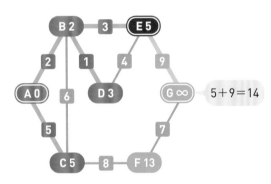

移動到 E。G 為新的選項，更新 G 的權重為 14。選項是 F 的 13 和 G 的 14，選擇較小的 F，判定往 F 的最短路徑。

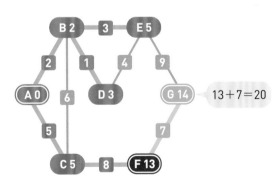

移動到 F。計算 G 值為 13 ＋ 7，等於 20。因為現況值 14 較小，所以不更新 G 的權重。選項只有 G 的 14，所以選擇 G，判定往 G 的最短路徑。

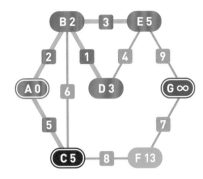

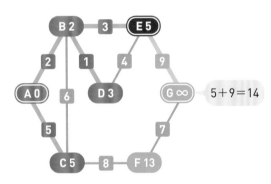

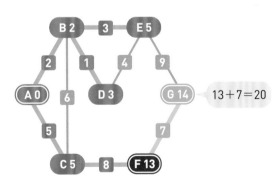

20

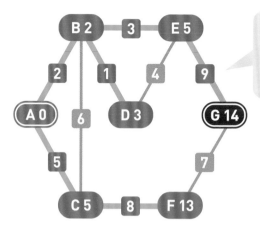

> 最後完成的橘色的樹稱為最短路徑樹，表示往各頂點的最短路徑

因為已抵達終點 G，結束搜尋。

21

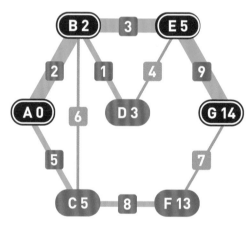

這裡用粗線強調從起點 A 到終點 G 的最短路徑。

解說

　　相較於對所有的邊進行權重計算和更新的貝爾曼－福特演算法，戴克斯特拉演算法著重於選擇頂點，進而有效率地求出最短路徑。

　　假設輸入圖形的頂點數為 n、邊數為 m，未仔細研究選好頂點時的執行時間是 $O(n^2)$；能夠對資料結構下工夫的話，執行時間能壓縮到 $O(m + n \log n)$。

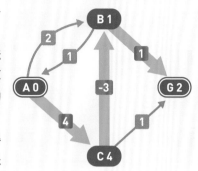

🚩 補充

　　戴克斯特拉演算法和貝爾曼－福特演算法一樣，能夠正確求出有向圖的最短路徑。

　　但當圖形內包含負的權重時，前者有時無法正確求出最短路徑。這點與貝爾曼－福特演算法不同。如右圖，最短路徑 A－C－B－G 的權重是 4 ＋（－3）＋ 1 ＝ 2。

　　然而，試著用戴克斯特拉演算法求解，會得到如下圖的最短路徑樹。演算法計算的結果是從起點 A 到終點 G 的最短路徑為 A－B－G，權重為 3。如前所述，這個結果是錯的。

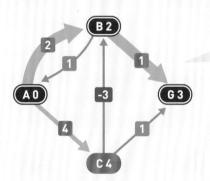

一開始選項為 B 和 C 時，因為 B 的權重較小，所以判定路徑為 A－B。雖然 A－C－B 是繞遠路，但因為有負的權重，所以路徑較短。然而，戴克斯特拉演算法進行此一步驟時還不知道 C－B 的存在，所以得出錯誤結論

　　4-4 節曾提到，迴圈中有負權重時並不存在最短路徑。貝爾曼－福特演算法可以判定出最短路徑不存在，但就算最短路徑不存在，戴克斯特拉演算法也會將錯誤的最短路徑當做正確答案。因此，戴克斯特拉演算法無法用於有負權重的圖形。

　　總結來說，如果邊沒有負權重，選擇執行時間較短的戴克斯特拉演算法較佳；邊有負權重時，則選用執行時間雖然較長，卻可以正確求解的貝爾曼－福特演算法。

▶ 參考：4-4 貝爾曼－福特演算法 p.100

No.
4-6

A* 演算法
A* algorithm

　　A*（唸做 A star）是從解出圖形最短路徑的戴克斯特拉演算法所發展出來的演算法。戴克斯特拉演算法分別找出從起點到各頂點的最短路徑，來判定離起點較近的頂點的順序。因此，即使離終點很遠的頂點的最短距離也會做計算，但因為最後並不會使用這些路徑而變成無謂的浪費。A* 是預先設定推測權重，再根據推測權重的資訊來減少無謂計算的改良式演算法。

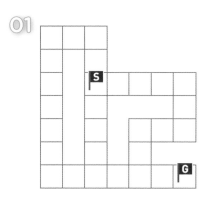

01

先試著用戴克斯特拉演算法解出這個迷宮的最短路徑。

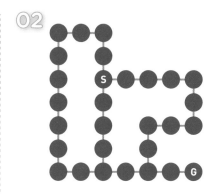

02

將迷宮中的各方塊當做頂點，如此一來，迷宮可視為各頂點間的權重為 1 的圖形。

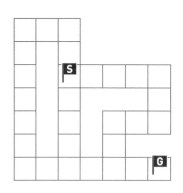

03

「S」是 start（起點）
「G」是 goal（終點）

以此為前提，嘗試用戴克斯特拉演算法求出最短路徑。

04

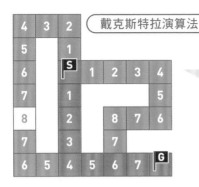

戴克斯特拉演算法

白色方塊除外，也就是迷宮中幾乎所有路徑都被走過

用戴克斯特拉演算法求最短路徑時，結果如上圖。各方塊中的數字代表從起點到終點的權重。藍色和紅色的方塊是已經搜尋過的地點，其中紅色方塊表示從 S 到 G 的最短路徑。

05

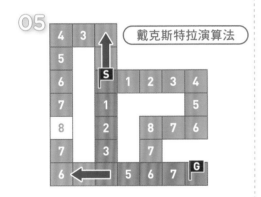

戴克斯特拉演算法

戴克斯特拉演算法只考慮從起點開始的權重，接著決定下一步的頂點。因此，即使箭頭指出的路徑離終點很遠，也不以為意繼續搜尋下去。

06

8	8	7			A*
8		6			
7	S	5	4	4	4
7		5			3
6		4	3	2	2
6		4		2	
6	5		3	2	1 G

A* 進行搜尋時，除了考慮從起點開始的權重，也分析從目前所在地到終點的權重推測值。推測值可以自由設定。這裡使用的數值為從右下角終點到起點的直線距離四捨五入後的值。

重點

如 06 所示，由人來事先設定的推測權重，稱為「試探權重」（heuristic cost）。恰當的推測權重是根據事先已知的資訊來設定，並以此為線索進行更有效率的搜尋。本節的範例已知終點位置，但沒有到終點的路徑資訊，以此為前提使用了直線距離。

07

A*

8	8	7				
8		6				
7	**S**	5	4	4	4	
7		5				3
6		4	3	2	2	
6		4		2		
6	5	4	3	2	**G**	

接著,試著用 A* 來解題。首先,假設已經搜尋完起點。搜尋完畢的點用藍色表示。

08

A*

8	8	7 (1/6)				
8		6				
7	**S**	6 (1/5)	4	4	4	
7		6 (1/5)				3
6		4	3	2	2	
6		4		2		
6	5	4	3	2	1 **G**	

> 在各點把從起點算起的實際權重和前往終點的推測權重相加,就能計算出從起點到終點的推測權重

分別計算從起點可抵達的各點的權重。權重是將「抵達這個點的權重」(左下)與「試探權重」(右下)相加來計算。

09

A*

8	8	7 (1/6)				
8		6				
7	**S**	6 (1/5)	4	4	4	
7		6 (1/5)				3
6		4	3	2	2	
6		4		2		
6	5	4	3	2	1 **G**	

選出一個權重最小的點。標上橘色。

10

A*

8	8	7
8	**7** 1 6	
7	**S**	**6** 1 5		4	4	4
7	**6** 1 5					3
6		4		3	2	2
6		4		2	
6	5	4	3	2	1	**G**

將選好的點設為搜尋完畢。

11

A*

8	8	7
8	**7** 1 6	
7	**S**	**6** 1 5	**6** 2 4	4	4
7	**6** 1 5				3
6		4		3	2	2
6		4		2
6	5	4	3	2	1	**G**

計算從搜尋完畢的點出發到各點的權重。

12

A*

8	8	7
8	**7** 1 6	
7	**S**	**6** 1 5	**6** 2 4	4	4
7	**6** 1 5				3
6		4		3	2	2
6		4		2
6	5	4	3	2	1	**G**

選出一個權重最小的點。

13

A*

8	8	7
8		7 1 6
7		S	6 1 5	6 2 4	4	4
7		6 1 5
6		4		3	2	2
6		4		2
6	5	4	3	2	1	G

將選好的點設為搜尋完畢。之後反覆進行同樣的操作直到抵達終點。

14

A*

8	8	9 2 7
8		7 1 6
7		S	6 1 5	6 2 4	7 3 4	8 4 4
7		6 1 5
6		6 2 4		3	2	2
6		7 3 4		2
6	5	8 4 4	3	2	1	G

搜尋中⋯⋯

15

A*

可以看出遠離終點的方塊幾乎都未被搜尋

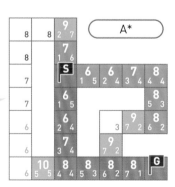

搜尋結束。與戴克斯特拉演算法相比，A* 搜尋迷宮的效率極佳。

解説

　A* 演算法適用於能獲得從各地點到終點之距離的線索時，即使線索不一定正確。當然，有時完全得不到資訊，這種情況就不能用 A*。

　試探權重越接近從所在地到終點的實際權重，搜尋的效率越佳。反之，如果假設的試探權重與實際權重差異很大，A* 的效率可能比戴克斯特拉演算法更差，甚至無法求出正確答案。

　然而，只要設定的試探權重低於實際權重，保證能求出正確解答（但有時會因設定不同而使搜尋效率低落）。

▶ 實用案例

　A* 廣泛用於遊戲程式中追逐玩家的敵人行動等運算。因為運算量大，有時可能影響遊戲的整體執行速度，需要考慮混用其他演算法，或是僅用於特定場景等。

No. 4-7 克魯斯克爾演算法
Kruskal's algorithm

　　克魯斯克爾演算法是算出圖形的最小生成樹（minimum spanning tree）的演算法。有一個邊被加上權重的圖形，要從圖形中選一個邊，只從這個邊來連接所有的頂點。前提是讓被選上的邊的權重總和為最小值。

▶ 參考：4-1 何謂圖形？ p.088

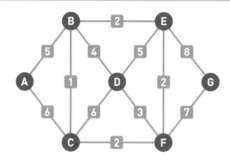

做出像上圖一樣的圖形，沒有被選上的邊呈現灰色。最初沒有選擇任何一個邊。

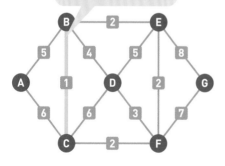

用綠色標示被選來當選項的邊。

選擇權重最小的邊（B,C）為選項。

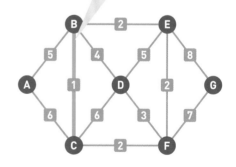

用橘色標示確定的邊

選好這個邊後，連接頂點 B 和 C。即便確定一個邊也不能形成閉路，所以確定要繼續選邊（關於閉路，請參考 4-2 節）。

▶ 參考：4-2 廣度優先搜尋 p.092

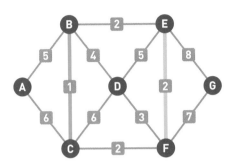

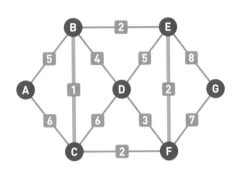

從還沒被選上的邊中，選擇最小權重的邊
（E,F）為選項。如果相同權重的邊有兩
個以上，選一個邊當選項都沒關係。

確定邊（E,F）也不會形成閉路，所以確
定要繼續選邊。

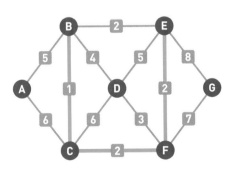

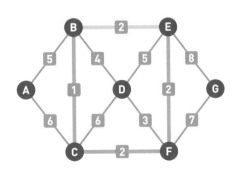

同樣的操作來選擇邊（C,F）。

接著邊（B,E）成為選項……

08

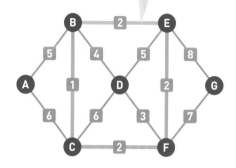

> 確定不會選的邊用藍色標示。

選擇這個邊會產生閉路,所以不選這個邊。

09

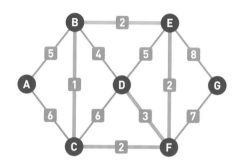

接著繼續選邊(D,F)。

10

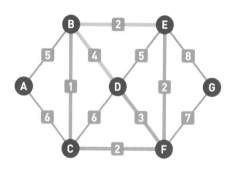

但是選擇這個邊(B,D)會產生閉路,所以不選這個邊。

11

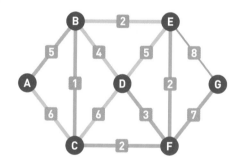

繼續同樣的操作,選擇邊(F,G)時連接上所有的頂點。此時選上的橘色的邊是答案。

小知識 這個演算法的名稱是出自開發者 Joseph Kruskal。

解説

　　問題的條件是「連接所有的頂點」，所以從選擇的邊產生閉路也沒關係。只是如果產生閉路，去除閉路的一個邊也能連接全部的點，就表示這個邊是多餘的。此時所有選擇的邊全部變成「樹」。

　　連結所有頂點形成的邊集合稱為「生成樹」。這邊求出的解答是權重最小的生成樹，所以稱為「最小生成樹」。

　　最小生成樹不一定只有一個，在 ④ 的階段有複數個可當選項的邊時，選擇哪個邊會影響任一個最小生成樹。比方說在 ④ 選邊（B,E）取代原本的（E,F）的話，會產生和 ⑪ 不同的最小生成樹。

　　克魯斯克爾演算法在沒有多餘（也就是無法形成閉路）的範圍內，會依最小權重的順序來選擇邊。像這樣做當下最佳選擇的演算法，又稱為「貪婪演算法」（greedy algorithm）。最小生成樹是以貪婪演算法求出最佳解，不過有時因問題而有不同的解答。

　　假設輸入的圖形頂點個數是 n，邊數是 m。演算法是逐邊搜尋，所以反覆 m 回結束。計算時間看起來像是 O（m），但並非如此。首先要依序從最小邊來看，必須需要由小到大排續邊。因為有這個前置作業，需要有 O（m log m）的計算時間。

　　此外，為了決定做為選項的邊，需要調查選擇這個邊的話會不會產生閉路（關於閉路請參考 4-2 節）。每次探索閉路都要花時間，如果用稱為「不交集資料結構」（disjoint-set data structure）的高度數據結構，以及運作這個結構稱為「併查集」（union-find）的演算法，可以 O（m log n）的時間來運算。因為 m ≧ n，整體的計算時間是 O（m log m）。

▶參考：2-1 何謂排序？ p.054
▶參考：4-2 廣度優先搜尋 p.092

實用案例

......

　　最小生成樹是應用在決定網路路由器的通信路徑等的演算法。

4-8

普林演算法
Prim's MST algorithm

　　普林演算法和克魯斯克爾演算法相同，也是用來求出圖形的最小生成樹的演算法。

01

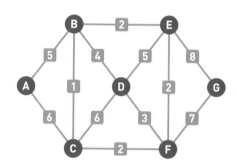

來看與 4-7 節同樣對輸入的圖形的操作。沒有被選上的邊呈現灰色。最初沒有選擇任何一個邊。

02

用橘色表示進入到領域的頂點。

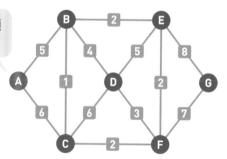

這個演算法會考慮「領域」這個概念。首先選擇一個頂點，再加上領域。這裡是對頂點 A 加上領域。

03

用綠色標示被選來當選項的邊。

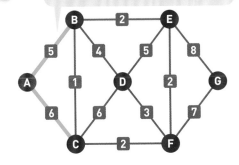

接著考慮領域以及其他可以相連的邊為選項,這裡選擇邊(A,B)和邊(A,C)為選項。

04

用橘色標示被選來當選項的邊。

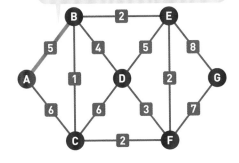

從選項中選出權重最小的邊,這裡是選擇邊(A,B)。如果有兩個以上權重最小的邊的話,選任何一個都沒關係。

05

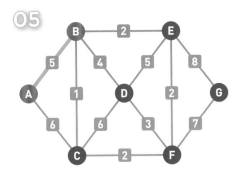

領域外的頂點 B 和領域內的頂點 A 連結,所以頂點 B 也進入領域。

06

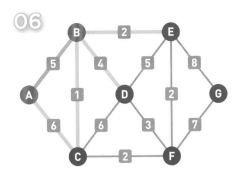

同樣的操作,找出連結領域內外頂點的邊的選項⋯⋯

07

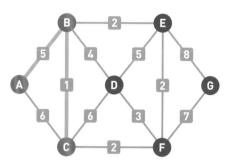

從中選出最小權重的邊（B,C）。頂點 C 進入領域。

08

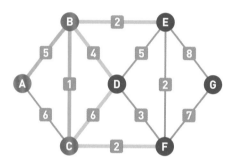

同樣的操作，找出連結領域內外頂點的邊的選項……

09

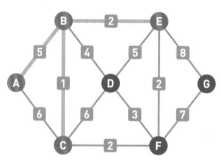

選上最小權重的邊（B,E），頂點 E 進入領域（注意如果有兩個以上權重最小的邊的話，選任何一個都沒關係。）。

小知識 ── 這個演算法的名稱是出自開發者 Robert Clay Prim。

10

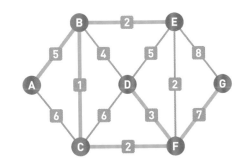

持續同樣的操作，讓所有頂點進入領域，此時演算法的計算結束。這時標成橘色的邊為解答。

解說

　　普林演算法和克魯斯克爾演算法相同，也是用來求出圖形的最小生成樹的演算法。在 04 的解說中，當邊有複數個選項時，結果會隨選擇的邊而變化。比如在 09 的狀態時，邊的選項有邊（C,F）和邊（E,F），解說是選邊（C,F）。如果選邊（E,F）的話，在 10 時會產生不同的最小生成樹。

　　不管是克魯斯克爾演算法或普林演算法，最初所有的頂點都是各自存在，藉由選擇邊來連結各個頂點。不同的是，克魯斯克爾演算法是藉由連結整體圖形的頂點，讓小碎片（這邊稱為連結成分）慢慢擴大，而普林演算法則是由從進入「領域」第一個頂點開始，一個一個連結其他的頂點來擴大連結成分。

　　因為領域是從選項中選出最佳（權重最小的）的邊，所以普林演算法也是貪婪演算法的一種。

　　假設輸入的圖形頂點個數是 n，邊數是 m。管理連結領域內外的邊的方法，仰賴從選項裡選擇了哪一個邊。單純實施這個演算法的話是時間 O（nm），如果使用有設計過的數據結構時，能在時間 O（m log n）讓演算法運作。

▶ 參考：4-7 克魯斯克爾演算法 p.120

4-9

配對演算法
matching algorithm

　　沒有共享頂點的邊集合稱為「配對」（matching），配對是將頂點配成一對的意思。這邊來看表示兩個不同組別關係的二分圖（bipartite graph）的配對。

① 01

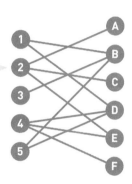

比如左邊的頂點是人，右邊的頂點是工作，可以解釋為左邊第二個人可以執行 A、C、E 三種工作。

如圖所示，頂點分為左右兩組，不管哪個邊都有跟左右兩組的頂點相連的圖形，稱為「二分圖」。

② 02

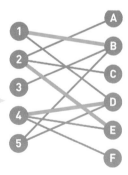

用 01 的例來比喻的話，可以解釋為「人1」負責「工作B」、「人2」負責「工作E」、「人4」負責「工作D」。

將沒有共享頂點的邊集合起來，稱為「配對」（matching）。圖形中橘色邊的集合是配對。

03

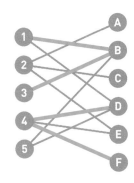

這個圖形中的橘色邊的集合不是配對，因為頂點 B 和頂點 4 分別和其他頂點共享兩個邊。

04

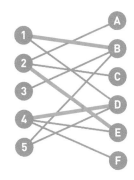

包含在配對邊的頂點（1、2、4、B、D、E）是「已配對」，而不包含在配對邊裡的頂點（3、5、A、C、F）稱為「未配對」。

05

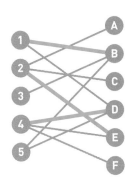

已配對的邊數稱為配對的「規模」（size）。這裡的配對規模是 3。規模越大的人可以負責的工作越多，所以接著來看可以求出最大規模的演算法。

06

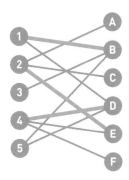

首先來考慮增加這個配對的規模。加上任何一個沒被選上的邊，頂點都會被共享。也就是追加邊並不能增加配對的規模。

重點　　從 03 的說明得知，配對可以解釋為「沒有一個人負責兩個以上的工作，也沒有工作被分配給兩個人以上」。

07

在增加路徑中沒
有使用的邊用水
藍色表示。

從沒有配對的頂點出發,來思考
輪流通過未配對的邊和已配對的
邊,最後抵達未配對的頂點的路
徑。比如邊(3,B)、(B,1)、
(1,D)、(D,4)、(4,F) 形
成的路徑。像這樣的路徑稱為
「增加路徑」(要注意邊(2,E)
不包含在增加路徑裡。增加路徑
中,未配對的邊比已配對的邊多
一條)。

08

邊(2,E)不包含
在增加路徑中,
所以不刪除。

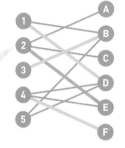

從配對中刪除用在增加路徑中的
已配對邊(B,1)、(D,4)……

09

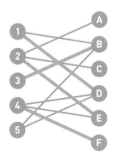

將未使用的水藍色邊(3,B)、
(1,D)和(4,F)加入配對後,
獲得規模增加 1 的配對。像這樣
從某個配對開始尋找增加路徑,
一個一個地增加規模來擴大,直
到沒有任何增加路徑。當沒有增
加路徑時,就能確保這個配對是
最大規模,所以當演算法運算結
束時,配對是最大規模。

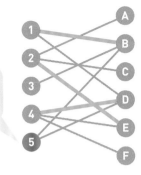

選擇的頂點用橘
色表示。

接著來説明如何尋找增加路徑。首先從左側選擇一個未配對的頂點，此時選擇頂點 5。

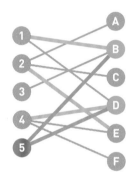

標註連接頂點 5 的右側頂點，這邊標註頂點 B 和 D。B 和 D 都已配對，所以進入下一步。

重點

在 11 的步驟中，如果頂點 B 或是 D 都未配對的話，就等同找到增加路徑
（兩側的頂點都未配對的邊是可視為一個邊才能形成的特殊增加路徑）。
此時追加這個邊到配對裡，就能獲得增加 1 個規模的配對。

12

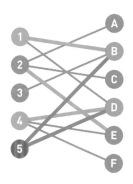

標註透過已配對邊和 11 標註的頂點與和 D 相連的左側頂點。此時標註頂點 1 和 4。

13

如圖所示，從左往右的話是未配對的邊，從右往左則是已配對的邊，像這樣沿路徑進行探索。

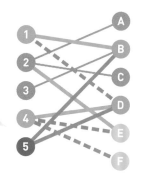

從 12 標註的頂點 1 與 4 和未配對邊相連的右側頂點（D、E、F）之中，選擇未配對的頂點並標註，此時標註了頂點 E 和 F。

14

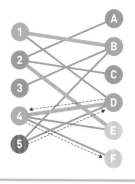

因為 F 是未配對的頂點，所以從頂點 5 探索到 F 經過的邊形成了增加路徑，為（5,D）、（D,4）、（4,F）。

重點　如果一直搜尋到無法標註新的頂點時，依舊無法獲得增加路徑的話，表示從頂點 5 開始的增加路徑並不存在。此時就從其他未配對的頂點用同樣的步驟尋找。從左側任一個未配對的頂點開始都無法得到增加路徑的話，表示沒有增加路徑。

15

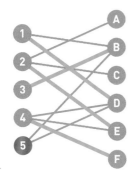

接下來從 ⑨ 圖形的配對來尋找增加路徑。首先選擇左側未配對的頂點 5。

16

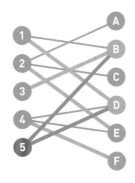

標註與頂點 5 相連的頂點 B 和 D。

17

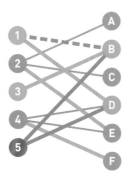

標註透過已配對邊與頂點 B 和 D 相連的左側頂點 1 和 3。而經過未配對邊與頂點 1 和 3 相連的右側頂點 B 因為已配對，所以探索到此結束。左側未配對的頂點只有 5，由此得知已經沒有其他的增加路徑了（p.132 的「重點」）。因此現在已是最大配對。

和頂點 1、3、5 相連的只有右側的頂點 B 和 D，要把 1、3、5 都配對是不可能的，由此也能知道，17 的配對是最大規模。

增加路徑的探索可以看成是以未配對的頂點為根，一邊進行廣度優先搜尋一邊尋找經過未配對頂點的路徑。只是根為第一層，通往偶數層的頂點只用未配對的邊，而通往奇數層的頂點只用已配對的邊。

雖然這裡介紹了使用增加路徑的演算法，也能使用透過水流過圖形的邊來思考的「網路流（network flow）問題」來尋找最大規模的配對。

▶ 參考：4-2 廣度優先搜尋 p.092

補 充

如同本節最初提到的工作例子，配對可以用來「分配」，是應用範圍極廣的概念。雖然配對中頂點只能配對一次，但如果在每個頂點加上權重，也能延伸思考頂點可配對的次數（能夠共享邊到可配對次數的泛化〔 Generalization 〕〔 稱為「b-matching」〕）。此時人可以負責複數個工作，工作也可分配給複數個人。

此外，用邊的有無來表示這個人能否勝任這個工作，以求出能勝任的最多工作量，也能來思考除此之外的各種問題。比方說當分配工作給人時，加上權重來表示對這個工作的喜好程度，求出喜好程度最大的工作配對也是很重要的。或者是針對自己能負責的工作做期望排序，盡可能滿足每個人的喜好程度來配對。像這樣也可以思考假定各種狀況的配對問題，以及其解法的演算法。

小知識

這裡介紹了針對二分圖來求出最大配對的演算法，但不僅是二分圖，一般的圖形也能用尋找增加路徑的演算法求出最大規模的配對。然而此時的增加路徑探索並非如二分圖一樣簡單，

在一般的圖形中要有效率地尋找增加路徑的方法，是由傑克·艾德蒙斯（Jack Edmonds）提出的。

第 **5** 章

安全性演算法

5-1 安全性和演算法

▌不可或缺的網際網路安全性

透過網際網路傳輸數據時,數據會經由各種網路和機器傳送給對方。傳輸數據時,如果經過不懷好意的人所管理的機器,數據有可能被偷窺。

因此,為了安全使用網際網路,安全性的技術不可或缺。本章就來一起學習用以確保安全性的各種演算法及其原理吧。

▌傳輸數據時的四個問題

首先,介紹經由網際網路傳輸數據時會產生的四個主要問題。

▶ 竊聽(eavesdrop)

第一個問題是,當 A 傳送訊息給 B 時,傳輸過程中內容可能被 X 偷取(參見右圖)。這個問題稱為「竊聽」。

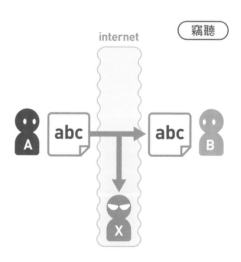

▶ 電子欺騙(spoofing)

第二個問題是,A 原本打算傳送訊息給 B,但 B 可能是由 X 偽裝的(次頁左圖)。反之,B 本來要接收 A 傳來的訊息,但 A 可能是由 X 偽裝的(次頁右圖)。

這個問題稱為「電子欺騙」。

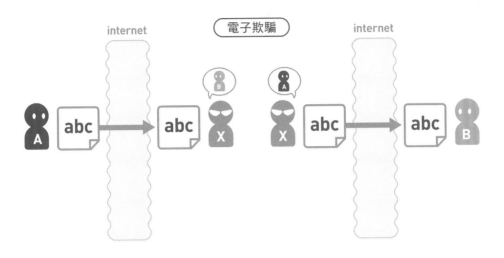

▶ 竄改（falsification）

　第三個問題是，即使 A 給 B 的訊息確實傳送完成，如右圖所示，在傳輸過程中有可能已經被 X 改動。

　這個問題稱為「竄改」。除了第三人故意竄改之外，也可能因通訊中發生原因不明的問題，使接收到的數據損壞。

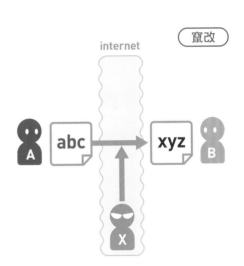

▶ 抵賴（repudiation）

　第四個問題是，當 B 預定收到 A 傳來的訊息，但訊息發送者 A 不懷好意時，A 可能在傳送後主張「我沒有傳送那個訊息」（參見次頁圖）。

　發生這樣的情況，網際網路上的商業交易或契約行為就無法成立。這個問題稱為「抵賴」。

以上介紹四個主要問題，但請注意，這些問題不限於人與人之間的交流，瀏覽網頁也可能發生。

因應問題的安全性技術

為了解決前述問題，下面簡單說明有哪些安全性技術可加以應對。

防範第一個問題「竊聽」，會利用「加密」（encryption）的技術。

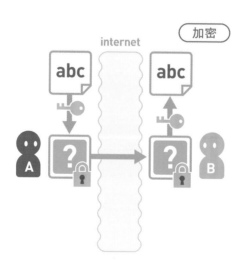

　　防範第二個問題「電子欺騙」，會利用「訊息鑑別碼」（參見 5-8 節）（下圖左）或「數位簽章」（參見 5-9 節）（下圖右）的技術。

　　防範第三個問題「竄改」，同樣用「訊息鑑別碼」或「數位簽章」的技術。而「數位簽章」的技術，也能應用於第四個問題「抵賴」。

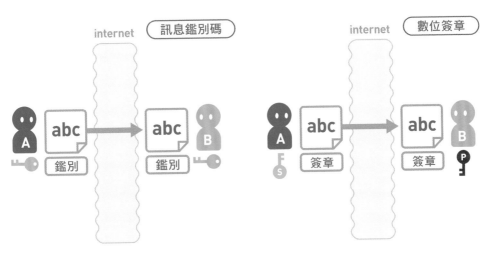

在本章可以學到的內容

　　各類問題及因應方法統整如下表。

　　為了解決「數位簽章」技術所面臨的問題，也就是「無法判定公開金鑰的擁有者」，還可應用「數位憑證」（參見 5-10 節）的技術。

　　本章將分別詳細解說這些安全性技術。

問題	解決方法
❶ 竊聽	加密
❷ 電子欺騙	訊息鑑別碼 or 數位簽章
❸ 竄改	
❹ 抵賴	數位簽章

No. 5-2 加密的基礎

在現代網際網路社會，加密技術早已不可或缺。加密解密數據時，電腦進行了什麼樣的處理呢？本節聚焦於安全性技術中的「加密」，說明其必要性和原理。

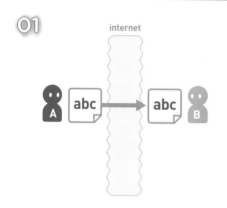

A 打算透過網際網路傳送數據給 B。數據會經由網際網路上的各種網路或機器，最後送達 B 處。如圖所示，如果直接送出數據的話……

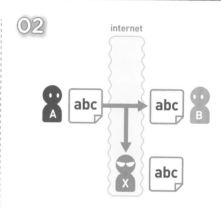

數據可能被不懷好意的第三人偷窺。

因此，需要把想保密的數據加密後再送出。加密後的數據，稱為「密文」（cipher text）。

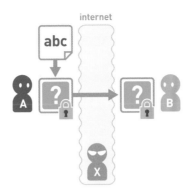

傳送密文給 B。

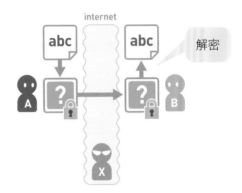

B 解除 A 傳來的密文加密，取得原始數據（明文〔 plain text 〕）。將密文還原為原始數據，稱為「解密」（decryption）。

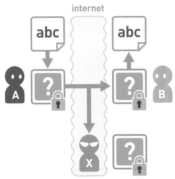

像這樣對數據加密，就算被不懷好意的第三人偷窺也不必擔心。

　　如前所述,在現代網際網路社會,加密技術變得越來越重要。下面具體說明如何加密。

　　首先,無論什麼樣的數據,電腦都是用 0 和 1 的 2 進位來管理。數據有文字、音樂或圖像等各種形式,但如下圖所示,電腦中所有的數據都是用 2 進位來管理。

abc = 0101 1010 010

♪ = 1010 0101 1010

= 0110 1001 100

　　了解上述內容後,接著來看如何對數據加密。

　　對電腦而言,數據是有意義的數字排列。密文雖然也是用數字的排列來管理,卻是電腦無法解讀的隨機數字。

　　換言之,加密就是對數據進行某種運算,把數據換成電腦無法解讀的數字(參見下圖)。

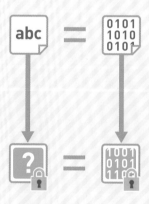

加密的數值運算是利用「金鑰」進行，而金鑰同樣是由數字組成。換言之，加密是利用金鑰來運算數值，將數據轉換成他人無法判讀的內容（參見下圖）。

反之，解密是如下圖，利用金鑰來運算數值，將密文還原為原始數據。

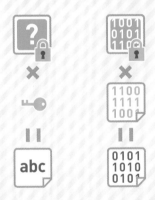

像這樣將數據轉換成不懷好意的第三人無法判讀的內容，再將其還原為原始數據的一連串計算，就是加密的技術。

No.

5-3

雜湊函數
hash function

雜湊函數是把輸入的數據轉換成固定長度的不規則的值的函數。所得的不規則的值也可視為數據的摘要,適用於各種情況。

可以把雜湊函數想成一台果汁機,比較容易理解。

將數據輸入雜湊函數的話……

7f0579bc2d

16 進位是用 0 ~ 9 的數,以及 a ~ f 的字母,共計 16 個文字來表示數字

輸出固定長度的不規則的值。將雜湊函數想成一台可以把數據打散的機器,這樣比較容易理解。輸出的不規則的值稱為「雜湊碼」(hash code)。雖然雜湊碼是數字,但多用 16 進位來表示。

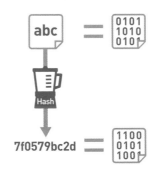

04

無論什麼樣的數據,電腦都是用 0 和 1 的 2 進位來管理。雜湊碼也是一種數據,雖然用 16 進位來表示,但在電腦內部是用 2 進位來管理。也就是說,實際上雜湊函數在電腦內部一直進行著某種數值運算。

05

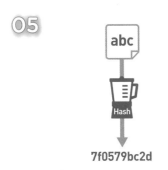

以此為前提,接著說明雜湊函數的特徵。第一個特徵是,輸出的雜湊碼的數據長度不變。

06

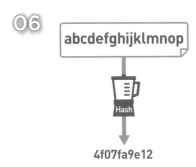

即使輸入非常大的數據,輸出的雜湊碼的數據長度仍維持不變。

07

同樣地,無論輸入多小的數據,雜湊碼的數據長度都相同。

08

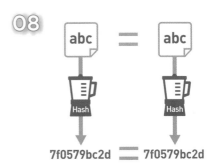

第二個特徵是,輸入相同的值必定會產生相同的輸出值。

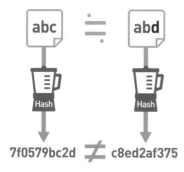

第三個特徵是，即使輸入的數據很相似，只要有一個位元的差異，輸出值就會相差甚遠。輸入類似的數據，不代表會產生類似的雜湊碼。

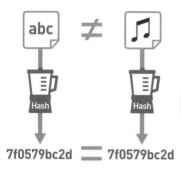

雜湊碰撞

第四個特徵是，輸入完全不同的數據時，即使機率很低，仍可能產生相同的雜湊碼。這稱為「雜湊碰撞」（hash collision）。

第五個特徵是，從雜湊碼倒推出原始數據是不可能的。數據的輸入和輸出均為單一方向，這點和「加密」大相徑庭。

重點

雜湊函數可用於各種情況。本書列出雜湊函數的實用案例，詳細說明雜湊表和訊息鑑別碼。

● 參考：1-6 雜湊表 p.034
● 參考：5-8 訊息鑑別碼 p.172

7f0579bc2d

最後一個特徵是，用以決定雜湊碼的計算過程比較簡單。

解說

　　雜湊函數的演算法有數種，代表性的演算法包括 MD5[*1]、SHA-1[*2]，以及 SHA-2 等。現在普遍使用 SHA-2，MD5 和 SHA-1 因為有安全疑慮，不推薦使用。

　　演算法不同，計算方式也不一樣，例如 SHA-1 是對數據反覆進行數百次的加法和移位運算（shift operation）來產生雜湊碼。

　　本節雖然說明輸入相同數據會得到相同的雜湊碼，但這僅限於使用同一種演算法的情況。當演算法不同，即使輸入相同數據，雜湊碼也不一樣。

＊1　MD5是「訊息摘要演算法第五版」（message digest algorithm 5）的縮寫。
＊2　SHA是「安全雜湊演算法」（secure hash algorithm）的縮寫。

實用案例

　　使用者輸入的密碼保存在伺服器時，也是使用雜湊函數。

　　如果直接存入密碼，存在密碼被偷窺的風險。因此，算出密碼的雜湊碼，只存取雜湊碼。使用者輸入密碼時，取得此輸入值的雜湊碼，和資料庫裡的雜湊碼對照。如 11 提到的第五個性質，即使存入的雜湊碼被看到，也無法得知原始密碼。

　　像這樣使用雜湊函數，就能讓利用密碼進行使用者鑑別的作業更安全。

5-4 共用金鑰密碼系統
shared-key cryptosystem

對密碼加密的方法，可分為加密和解密使用相同金鑰的「共用金鑰密碼系統」，以及使用不同金鑰的「公開金鑰密碼系統」兩種。本節說明共用金鑰密碼系統的原理和問題。

01

共用金鑰密碼系統是加密和解密時使用相同金鑰的加密方法。

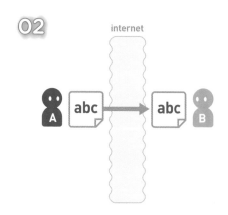

02

現在來看用共用金鑰密碼系統處理數據的整個過程。A 打算透過網際網路傳送數據給 B。

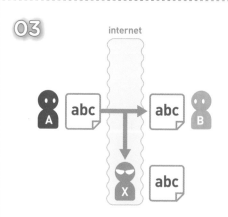

03

因為數據可能被偷窺，所以需要對想保密的數據加密。

04

A 用金鑰加密數據，產生密文。

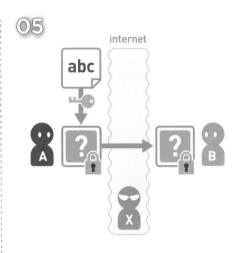

05

A 傳送密文給 B。

06

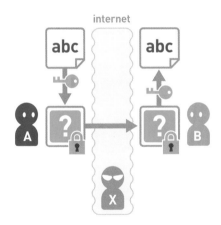

B 用相同的金鑰解密 A 傳來的密文。這樣 B 就能取得原始數據。對數據加密，即使被不懷好意的第三人偷窺也無須擔心。

小知識

共用金鑰密碼系統的密碼包括「凱撒密碼」（Caesar cipher）、「AES」[3]、「DES」[4]、「一次性密碼本」（one-time pad）等，現在廣泛使用AES。

*3 AES 是「進階加密標準」（advanced encryption standard）的縮寫。
*4 DES 是「資料加密標準」（data encryption standard）的縮寫。

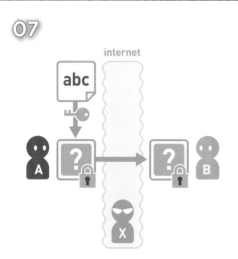

接著來看共用金鑰密碼系統的問題。稍微回到之前的階段。現在 B 接收到 A 傳來的密文。

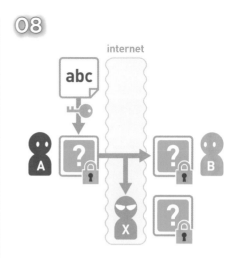

密文可能被 X 偷窺。

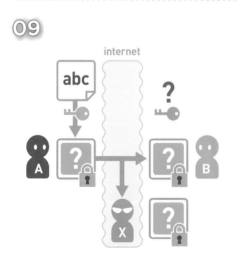

這裡考慮到 A 和 B 可能沒有直接的往來，假設 B 不知道加密金鑰。

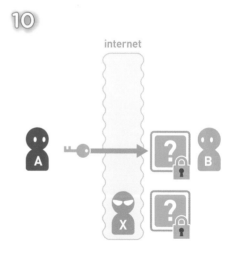

A 必須用某些手段把金鑰交給 B。因此和傳送密文相同，A 經由網際網路把金鑰傳給 B。

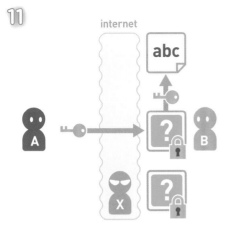

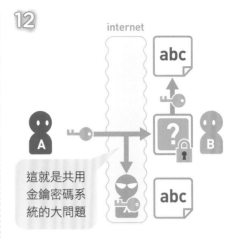

這就是共用金鑰密碼系統的大問題

B 用 A 傳來的金鑰解密密文。

但是，這個金鑰也可能被 X 偷窺。如此一來，X 也能用金鑰來解密密文。

　　因為金鑰有被偷窺的風險，於是會想是不是對金鑰加密呢。但這樣一來就出現如何傳送加密金鑰的金鑰的問題，問題又回到原點。

　　像這樣，共用金鑰密碼系統需要能安全傳送金鑰的方法，稱為「金鑰傳送困難」問題。

　　解決方法包括「使用金鑰交換協定」和「使用公開金鑰密碼系統」兩種，本書將分別詳盡解說。

● 參考：5-5 公開金鑰密碼系統 p.152
● 參考：5-7 迪菲－赫爾曼金鑰交換 p.164

　　二次世界大戰時德軍使用的「謎」式密碼機（Enigma，又名恩尼格瑪密碼機），就是共用金鑰密碼系統的密碼機。金鑰的傳送是將一個月份的金鑰做成表格提供出去，這樣不會產生弱點性（vulnerability）的問題。然而，加密後的訊息有定期以固定短語形式送出的特徵。英國數學家艾倫‧圖靈（Alan Mathison Turing）便利用這個特徵來解讀密碼，對同盟國的勝利產生深遠影響。

　　現在的加密演算法，即使連續傳送類似的固定短語，也會使用難以解讀的密碼。

No. 5-5 公開金鑰密碼系統
public-key cryptosystem

公開金鑰密碼系統是加密和解密時使用不同金鑰的加密方法。因為加密和解密用不同的金鑰，又稱「非對稱式密碼系統」（asymmetric cryptosystem）。加密使用的金鑰稱為「公開金鑰」（public-key），解密的金鑰是「私密金鑰」（secret-key）。

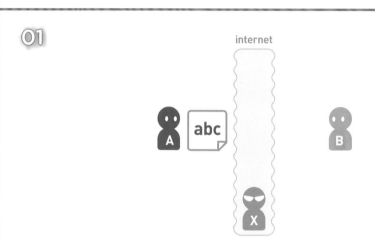

來看用公開金鑰密碼系統處理數據的整個過程。A 打算透過網際網路傳送數據給 B。

公開金鑰用 P、
私密金鑰用 S 來表示

首先，接收者 B 製作公開金鑰和私密金鑰。

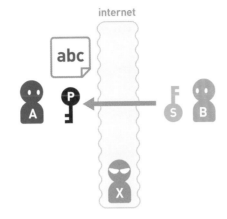

接著,把公開金鑰傳送給 A。

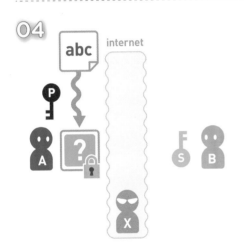

A 使用 B 傳來的公開金鑰,加密數據。

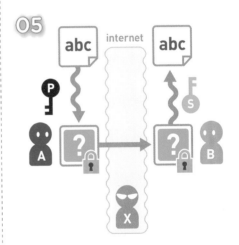

A 傳送密文給 B,B 用私密金鑰解密接收到的密文。這樣 B 就能取得原始數據。

公開金鑰密碼系統實際使用的演算法包括「RSA 加密」和「橢圓曲線密碼學」(elliptic-curve cryptography)等,現在多半使用 RSA 加密。RSA 加密的名稱得名自發明者羅納德・李維斯特(Ronald Rivest)、阿迪・薩莫爾(Adi Shamir)和倫納德・阿德曼(Leonard Adleman)的姓氏首字母,三人獲頒 2002 年圖靈獎。

06

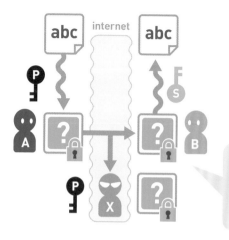

與共用金鑰密碼系統不同，公開金鑰密碼系統不會有「金鑰傳送困難」問題

公開金鑰和密文都經由網際網路傳送，可能被不懷好意的第三人 X 偷窺。不過，因為密文不能用公開金鑰解密，X 無法取得原始數據。

07

此外，公開金鑰密碼系統具備能夠同時與不特定多數人傳輸數據的優點。來看具體的例子吧。B 事先準備好公開金鑰和私密金鑰。

08

公開金鑰被別人知道也沒關係。因此，B 可以將公開金鑰公布在網際網路上。另一方面，私密金鑰必須小心管理，避免被他人知道。

09

internet

想傳送數據給 B 的人有好幾位。

10

internet

想傳送數據的人要先取得 B 公布的公開金
鑰……

11

internet

加密想傳送的數據。

12

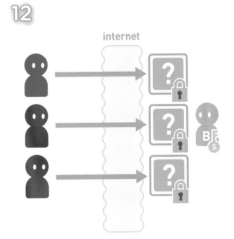

internet

接著，傳送密文給 B。

重點

使用共用金鑰密碼系統時，若傳輸人數增加，需要的金鑰數量急速增加。
上一節的例子中 2 個人只需 2 個金鑰，但 5 個人需要 10 個金鑰、100 人變
成 4950 個金鑰（假設 $n = $ 人數，數式是 $\frac{n(n-1)}{2}$）。

13

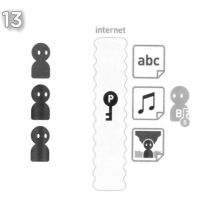

B 用私密金鑰解密接收到的密文。因此，
B 能取得原始數據。如此一來，就無須分
別提供金鑰給每一個想傳送數據的人。此
外，不能讓他人得知的金鑰只有數據接收
者才有，安全性高。

14

然而，公開金鑰密碼系統有公開金鑰可信
度問題。回到 B 製作公開金鑰和私密金
鑰的階段。為了方便說明，B 製作的公開
金鑰用「P_B」、私密金鑰用「S_B」
來表示。

15

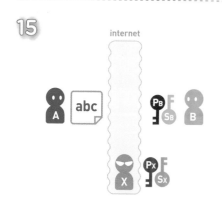

為了偷窺 A 傳送給 B 的數據，X 製作了公
開金鑰 P_X 和私密金鑰 S_X。

16

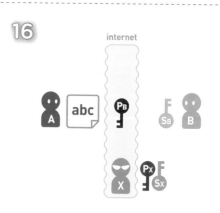

當 B 傳送公開金鑰 P_B 給 A 時⋯⋯

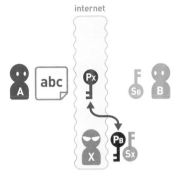

X 把公開金鑰 PB 換成自己製作的公開金鑰 Px……

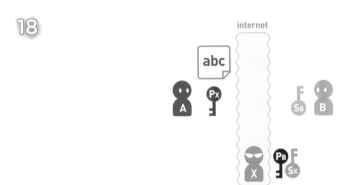

A 收到公開金鑰 Px。公開金鑰本身並沒有任何能表示製作者身分的方法，所以 A 無法得知自己收到的公開金鑰已被替換。

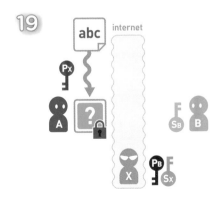

A 用公開金鑰 Px 加密數據。

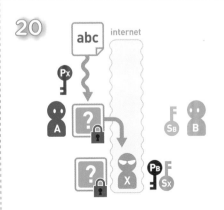

A 要傳送密文給 B 時，X 接收了密文。

21

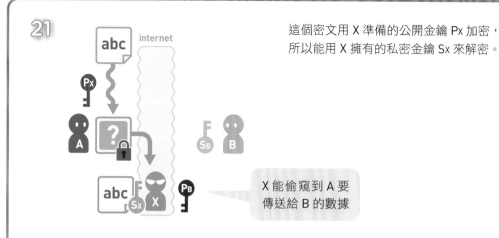

這個密文用 X 準備的公開金鑰 Px 加密，所以能用 X 擁有的私密金鑰 Sx 來解密。

> X 能偷窺到 A 要傳送給 B 的數據

22

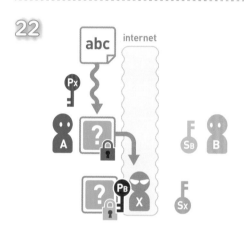

接著，X 用 B 的公開金鑰 Pʙ 來加密數據。

23

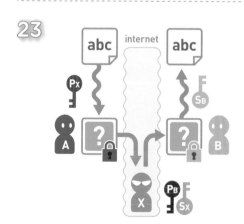

X 將製作完成的密文傳送給 B。這個密文是用 B 準備的公開金鑰 Pʙ 製作，所以 B 能用手邊的私密金鑰 Sʙ 來解密。因為 B 能順利解密密文，沒人會料想到數據已經被偷窺。像這樣在過程中公開金鑰被替換，數據被偷窺的攻擊方法，稱為「中間人攻擊」（man-in-the-middle attack）。

補充

　　關於公開金鑰可信度問題的成因是，A 無法判斷接收到的公開金鑰製作者是否為 B。要解決這個問題，需利用後面章節說明的「數位憑證」。

　　此外，公開金鑰密碼系統的另一個問題是，加密和解密都很費時。因此，這個方法不適用於連續傳輸零碎數據的情況。解決方法是使用「混成密碼系統」。

▶ 參考：5-6 混成密碼系統 p.160
▶ 參考：5-10 數位憑證 p.186

　　要找到能實現公開金鑰密碼系統的具體演算法並非易事。從密碼的計算過程整理出必要條件如下：

①能用某個數加密（計算）數據。
②能用其他的數來計算還原原始數據。
③能防止從一個金鑰推算出另一個金鑰的運算。

試想要找出能滿足這些條件的演算法，就知道難度很高。發明 RSA 加密等能夠具體實現公開金鑰密碼系統的演算法，對於現代的網際網路安全意義重大。

　　共用金鑰密碼系統有如何安全傳送金鑰的「金鑰傳送困難」問題，公開金鑰密碼系統則有加密和解密處理速度很慢的問題。混成密碼系統是結合這兩種方式並彌補其缺點的密碼系統。

◉ 參考：5-4 共用金鑰密碼系統 p.148
◉ 參考：5-5 公開金鑰密碼系統 p.152

01

| 共用金鑰密碼系統 |

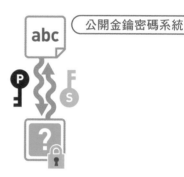

| 公開金鑰密碼系統 |

混成密碼系統是利用處理速度快的共用金鑰密碼系統來加密數據。另一方面，共用金鑰密碼系統使用的金鑰，選擇以無須傳送金鑰的公開金鑰方式處理。

02

internet

來看混成密碼系統的具體進行方式。A 打算透過網際網路傳送數據給 B。

03

用處理速度快的共用金鑰密碼系統來加密數據。因為解密時也需要使用加密金鑰，A 必須傳送金鑰給 B。

04

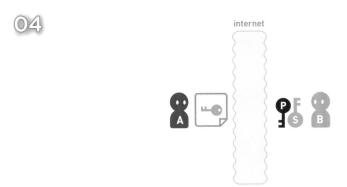

金鑰是用公開金鑰密碼系統來加密，所以能安全傳送給 B。接收者 B 製作公開金鑰 🔑 和私密金鑰 🔑。

05

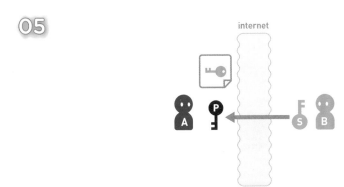

B 把公開金鑰傳送給 A。

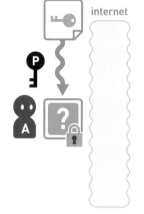

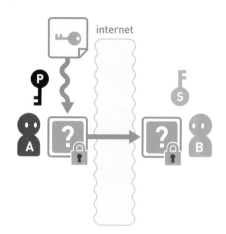

A 使用 B 傳來的公開金鑰，加密共用金鑰密碼系統的金鑰。

A 把加密後的金鑰傳送給 B。

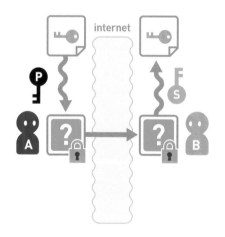

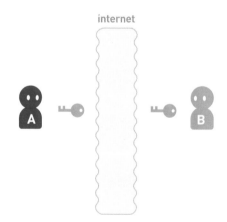

B 使用私密金鑰解密金鑰密文。

如此一來，A 就能安全傳送共用金鑰密碼系統的金鑰給 B。

B 能順利取得
原始數據

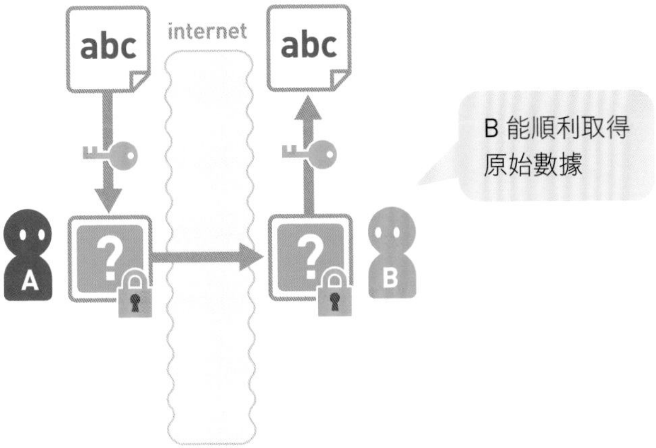

接下來，傳送用此金鑰加密的數據。數據的加密是用處理速度快的共用金鑰密碼系統。

解說

　　如此一來，混成密碼系統兼具安全性和處理速度。這種密碼系統用於確保網際網路上資訊傳輸安全的安全協定「SSL」。SSL 是安全通訊端層（Secure Sockets Layer）的縮寫。版本更新後，現在的正式名稱為「TLS」，即傳輸層安全協議（Transport Layer Security）。但因 SSL 之名根深蒂固，所以仍稱為 SSL，或是常以「SSL/TLS」並列標示。

5-7

迪菲－赫爾曼金鑰交換
Diffie-Hellman key exchange

　　迪菲－赫爾曼金鑰交換是在兩方之間安全交換金鑰的方法。「混合」運算雙方共享的祕密數和公開數後，就能安全地交換雙方的共用金鑰。

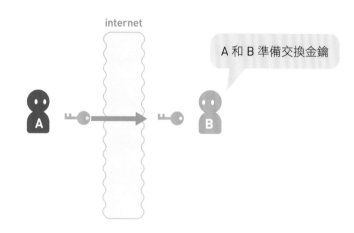

用數式解說之前，先來看圖理解概念吧。

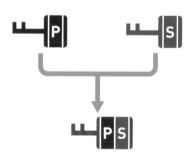

假設有一特別的方法可將兩個金鑰合而為一。用此合成方法合成金鑰 P 和金鑰 S，產生由金鑰 P 和金鑰 S 構成的新金鑰 P-S。

03

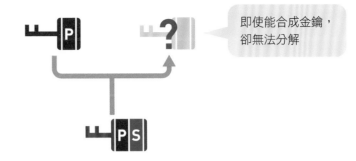

這個合成方法有三個特徵。第一個特徵是，即使有金鑰 P，以及用其合成的金鑰 P-S，也無法取出金鑰 S。

04

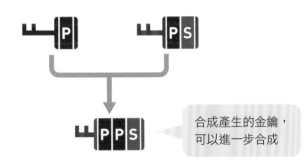

第二個特徵是，不管用幾個金鑰所合成的金鑰，都能做為合成新金鑰的元素。如圖例所示，用金鑰 P 和金鑰 P-S，合成新的金鑰 P-P-S。

05

第三個特徵是，金鑰合成結果與順序無關，只取決於使用哪個金鑰。例如，金鑰 B 和金鑰 C 合成為金鑰 B-C，接著合成金鑰 A 和金鑰 B-C，產生金鑰 A-B-C。此外，金鑰 A 和金鑰 C 合成了金鑰 A-C，接著合成金鑰 B 和金鑰 A-C，產生金鑰 B-A-C。金鑰 A-B-C 和金鑰 B-A-C 相同。

06

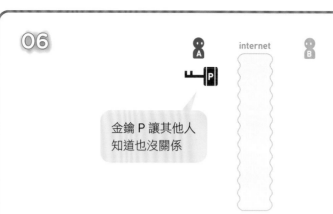

試著用這個合成方法讓 A 和 B 得以安全交換金鑰。首先，A 準備了金鑰 P。

07

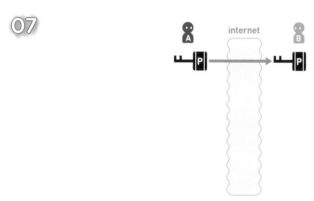

A 把金鑰 P 傳送給 B。

08

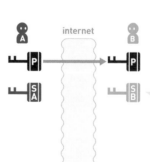

接著，A 和 B 各自準備私密金鑰 SA 和 SB。

09

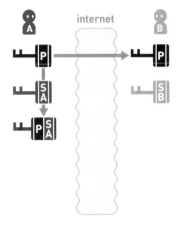

A 用金鑰 P 和私密金鑰 SA，合成新的金鑰 P-SA。

10

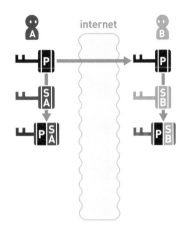

同樣地，B 也用金鑰 P 和私密金鑰 SB，合成新的金鑰 P-SB。

11

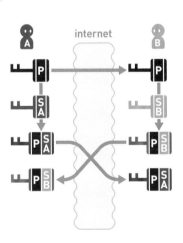

A 把金鑰 P-SA 傳送給 B。B 同樣把金鑰 P-SB 傳送給 A。

12

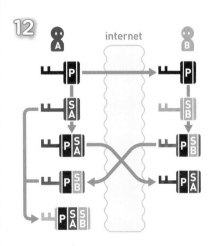

因為合成結果與順序無關，所以 SA-P-SB 和 P-SA-SB 相同

A 合成私密金鑰 SA 和 B 傳來的金鑰 P-SB，得到新的金鑰 SA-P-SB。

13

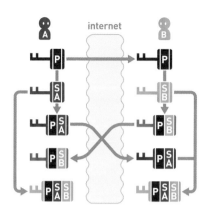

同樣地，B 合成私密金鑰 SB 和 A 傳來的金鑰 P-SA，得到新的金鑰 SB-P-SA。A 和 B 都獲得了金鑰 P-SA-SB。這個金鑰就可以做為加密金鑰和解密金鑰來使用。

14

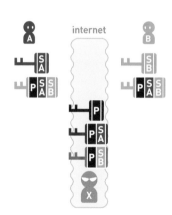

來驗證這個金鑰交換密碼系統的安全性吧。透過網際網路傳送金鑰 P、金鑰 P-SA 和金鑰 P-SB 時，可能被不懷好意的第三人 X 偷窺。

15

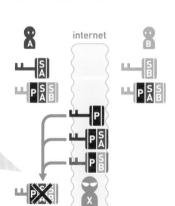

金鑰無法分解，所以無法得到私密金鑰 SA 和 SB

然而，X 無法從獲得的金鑰來合成金鑰 P-SA-SB。由此，X 無法產生金鑰 P-SA-SB，證明這個金鑰交換密碼系統是安全的。

16

$$\vdash\hspace{-4pt}\boxed{P} = P,G$$

> 對所有的質數 P 而言，存在一定數量的質數 P 生成元

接著，用數式說明這個金鑰交換密碼系統。最初準備好可以公開的金鑰 P，在數式中用 P 和 G 兩個整數來表示。P 是非常大的質數，G 是從對應質數 P 的生成元（generator，或稱「原根」〔primitive root〕）的數中選出一個。

17

👤A
👤B

P,G

首先，A 準備好質數 P 和生成元 G。這兩個數被其他人知道也沒關係。

18

👤A ⟶ 👤B

P,G ⟶ P,G

A 傳送質數 P 和生成元 G 給 B。

19

👤A ⟶ 👤B

P,G ⟶ P,G

X   Y

接著，A 和 B 分別準備祕密數 X 和 Y。祕密數 X 和 Y 必須比 P－2 小。

20

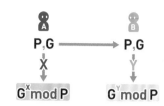

A 和 B 分別計算「（G 的祕密數次方）mod P」。mod 運算是用來求出除法後的餘數，「G mod P」表示用 G 除以 P 後的餘數。這個計算等同於概念上的「合成」。

21

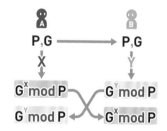

A 和 B 互相傳送計算結果給對方。

22

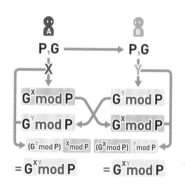

如此一來，A 和 B 就能共享做為加密金鑰的數

A 和 B 用對方傳來的數自乘自己的祕密數次方，計算 mod P。A 和 B 會獲得相同的計算結果。

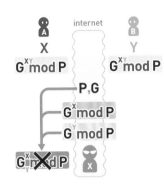

來驗證這個金鑰交換密碼系統的安全性吧。即使 X 偷窺通訊過程，也無法用得到的數算出 A 和 B 共享的數。此外，也不可能求出祕密數 X 和 Y。由此，證明迪菲－赫爾曼金鑰交換是安全的。

解說

　　迪菲－赫爾曼金鑰交換是由惠特菲爾德‧迪菲（Whitfield Diffie）和馬丁‧赫爾曼（Martin Edward Hellman）所提出，兩人獲頒 2015 年圖靈獎。

　　用質數 P、生成元 G 和 G 的 X 次方 mod P 來求出 X 的問題，稱為「離散對數問題」（discrete logarithm problem），目前尚未找到有效率的解法。迪菲－赫爾曼金鑰交換便是運用這個數學難題的金鑰交換法。

補充

　　迪菲－赫爾曼金鑰交換是雙方只交換即使公開也沒關係的資訊，就能在兩人之間交換金鑰的方法。實際上並非交換金鑰，而是產生金鑰，所以這個方法也稱為「迪菲－赫爾曼金鑰演算法」。

No. 5-8 訊息鑑別碼
message authentication code

訊息鑑別碼是能夠實現「身分鑑別」和「檢查訊息完整性」兩種功能的機制。即使是密文，也可能在傳輸時遭竄改，解密成不同的內容產生誤會。訊息鑑別碼就是為了防範這種情況。

01

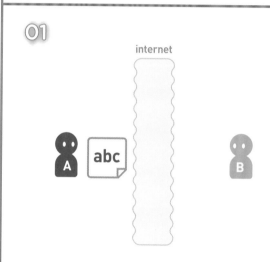

首先，來看什麼情況需要訊息鑑別碼。A 要向 B 購買商品，所以傳送表示商品編號「abc」的訊息。

02

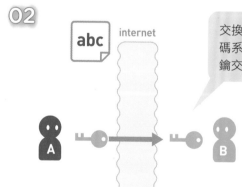

交換金鑰是利用「公開金鑰密碼系統」或「迪菲－赫爾曼金鑰交換」等金鑰交換協定

這時 A 加密訊息。加密是用「共用金鑰密碼系統」。A 用安全的方法把金鑰交給 B。

- ▶ 參考：5-4 共用金鑰密碼系統 p.148
- ▶ 參考：5-5 公開金鑰密碼系統 p.152
- ▶ 參考：5-7 迪菲－赫爾曼金鑰交換 p.164

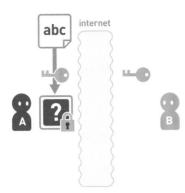

A 以共用的金鑰加密訊息。

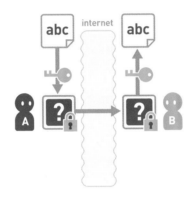

A 傳密文給 B，B 解密收到的密文。B 得到了商品編號「abc」的訊息。

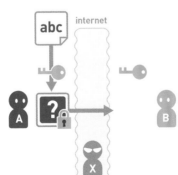

回到 A 要傳密文給 B 的階段

上述是沒有發生問題的情況，接下來說明可能發生的問題。

06

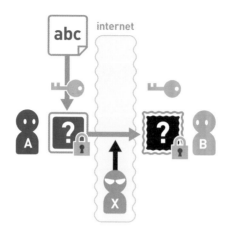

A 要傳送給 B 的密文，在傳輸過程中被不懷好意的 X 竄改。B 雖然收到密文，卻不知道密文已經被竄改了。

07

08

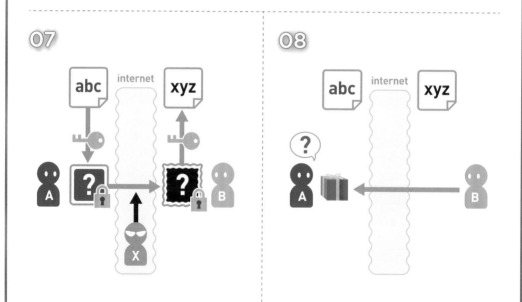

當 B 解密被竄改的密文時，得到的訊息是「xyz」。

B 誤信訂購的商品編號是「xyz」，把錯誤的商品寄給 A。

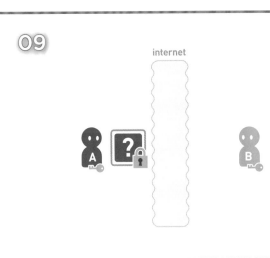

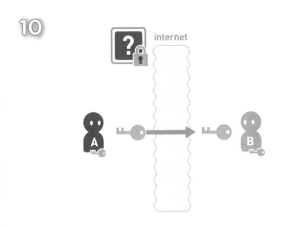

如果使用訊息鑑別碼,就能檢查出這種訊息被竄改的情況。回到 A 要傳密文給 B 的階段。

A 製作用來產生訊息鑑別碼的金鑰,用安全的方法把金鑰傳送給 B。

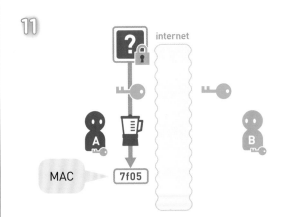

接著,A 利用密文和金鑰製作出特定值。這裡假設得出值「7f05」。像這樣用金鑰和密文組合產生的值,便稱為「訊息鑑別碼」。訊息鑑別碼的英文縮寫是「MAC」。

12

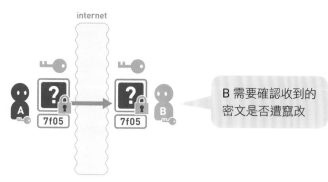

A 把製作完成的 MAC「7f05」和密文傳送給 B。

13

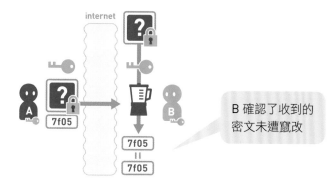

和 A 一樣，B 也用密文和金鑰製作 MAC。B 確認了自己計算出的「7f05」和從 A 收到的
「7f05」相同。

14

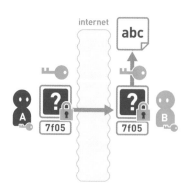

接著，只要用加密金鑰來解密。這樣就能順利得到 A 訂購的商品編號「abc」的訊息。

MAC 可以想像成由金鑰和密文排列組合成字串的「雜湊碼」。MAC 的製作方式有好幾種，包括「HMAC」＊5、「OMAC」＊6、「CMAC」＊7 等。現在多半使用「HMAC」。

重點

▶參考：5-3 雜湊函數 p.144

＊5　HMAC是「雜湊訊息鑑別碼」（hash-based MAC）的縮寫。
＊6　OMAC是「單金鑰訊息鑑別碼」（one-key MAC）的縮寫。
＊7　CMAC是「加密訊息鑑別碼」（cipher-based MAC）的縮寫。

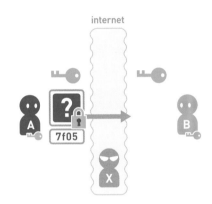

15

那麼，如果不懷好意的 X 在通訊過程中竄改密文，將會如何呢？回到 A 要傳密文給 B 的階段。

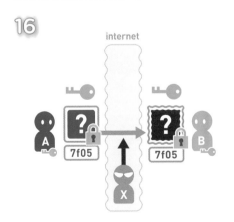

16

A 要傳送給 B 的密文和 MAC 中，假設 X 竄改了密文。

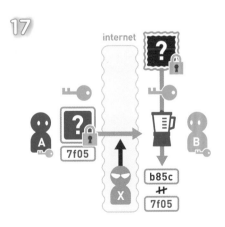

17

B 用密文計算 MAC，得出「b85c」。發現與 A 傳來的 MAC「7f05」不同。

18

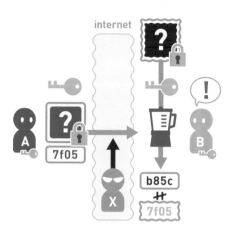

如此一來，B 就能發現密文或 MAC，或者兩者皆是，可能遭到竄改。這時 B 要刪除從 A 收到的密文和 MAC，請 A 再傳一次。

　　密碼充其量只是數值的計算處理，即使是被竄改過的密文，也能解密計算。

　　如果原始訊息是長篇文章，被竄改後變成毫無意義的內容，可能可以發現內容遭竄改。

　　然而，如果原始訊息是商品編號等人們無法直接判讀的數據，就算解密後也可能無法察覺曾被變更。使用密碼無法檢查出是否遭竄改，所以需要訊息鑑別碼。

補充

　　本節的圖解是說明如何用 MAC 來發現密文是否遭竄改，這裡進一步思考。假設 X 能像合理地竄改密文一樣更改 MAC。

　　X 沒有計算 MAC 的金鑰，所以就算能變更 MAC，也無法讓更改後的密文看起來合理。因為只要 B 重新計算 MAC，與用來對照遭竄改的密文的 MAC 不一致，就能判別出通訊過程中遭竄改（參見下圖）。

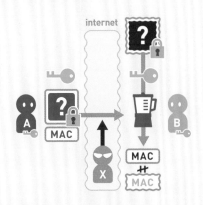

　　像這樣利用 MAC，就能防範通訊過程中遭竄改。

　　然而，這種做法也有缺點。訊息鑑別碼的機制是，A 和 B 兩者都能對訊息加密，計算 MAC。換言之，無法證明製作原始訊息的是 A 還是 B。

　　因此，如果 A 不懷好意，可以在傳出訊息後，主張「那是 B 捏造的訊息」，抵賴曾傳出訊息。又或是 B 不懷好意，自己製作訊息後，可以主張「這是 A 傳來的訊息」。

　　因為製作者和驗證者都擁有 MAC，無法確定是哪個擁有金鑰的人做成 MAC。這類詭計可以用下一節的「數位簽章」來防範。

▶ 參考：5-9 數位簽章 p.180

5-9

數位簽章
digital signature

數位簽章是在能夠實現「身分鑑別」和「檢查訊息完整性」兩種功能的訊息鑑別碼裡，加入也確保具有「不可抵賴性」（non-repudiation）的機制。訊息鑑別碼機制使用共用金鑰，造成擁有金鑰的收訊者也可能是訊息的傳送者，無法防止「抵賴」的問題。另一方面，數位簽章的機制是利用只有傳送者才能製作的稱為「數位簽章」的數據，所以可以確定訊息的製作者。

▶參考：5-8 訊息鑑別碼 p.172

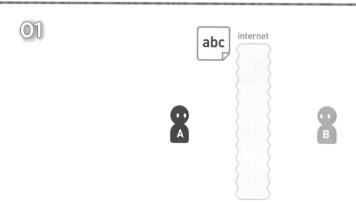

首先，來看數位簽章的特徵。A 打算傳送訊息給 B。

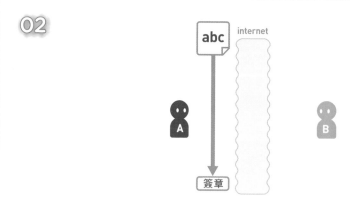

這時在訊息裡附加數位簽章。數位簽章只有 A 才能製作。

03

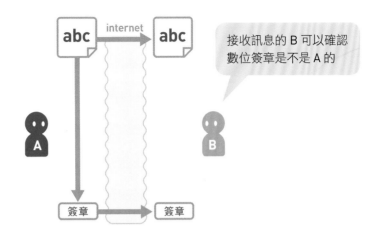

接收訊息的 B 可以確認
數位簽章是不是 A 的

當附加 A 的數位簽章的訊息傳來時，可以確保傳送者是 A。

04

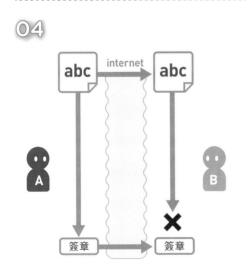

B 可以驗證數位簽章的真實性，但無法製作數位簽章。

05

接著，來看數位簽章的具體製作方式吧。
數位簽章的製作是應用「公開金鑰密碼系統」的步驟。

▶參考：5-5 公開金鑰密碼系統 p.152

06

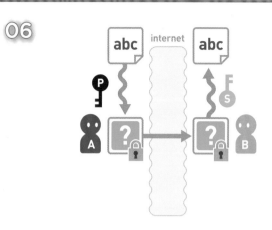

這裡來複習一下。公開金鑰密碼系統是加密時使用公開金鑰🔑，解密時用私密金鑰🔑。這樣確保雖然任何人都可以使用公開金鑰加密數據，但只有擁有私密金鑰的人才能解密。數位簽章的概念與上述流程相反。

07

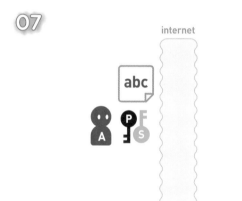

那麼，來看利用「數位簽章」傳輸訊息的過程。首先，A 準備了想傳送的訊息，以及私密金鑰和公開金鑰。由訊息傳送者準備私密金鑰和公開金鑰這一點，與公開金鑰密碼系統不同。

08

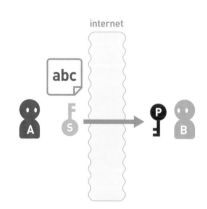

A 把公開金鑰交給 B。

09

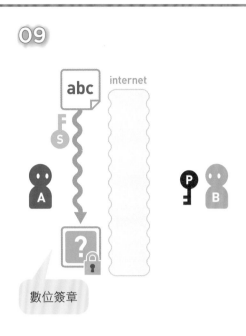

A 用私密金鑰加密訊息。這個加密後的訊息是數位簽章。

10

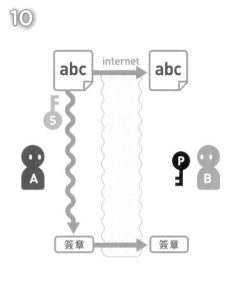

A 把訊息和簽章傳送給 B。

11

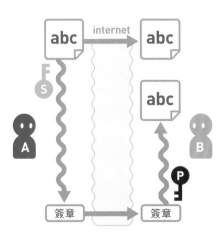

B 用公開金鑰解密密文（簽章）。

12

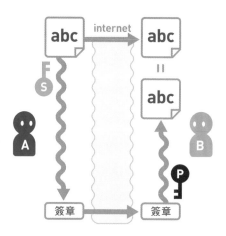

B 確認解密後的訊息和收到的訊息是否一致。這樣就完成了整個過程。

解說

　　07 ～ 12 的步驟中，製作出「只有擁有私密金鑰的 A 才能加密，任何人都能用公開金鑰解密的密文」。這時密碼完全沒有意義。但換個角度來看，這樣能確保密文的製作者，就是擁有私密金鑰的 A。

　　「數位簽章」是把只有 A 才能製作的密文當「簽章」來應用。更嚴謹地看，簽章製作和「加密」有時用不同的計算方法。然而，簽章用私密金鑰製作，使用公開金鑰來驗證簽章，這一點和公開金鑰密碼系統相同，這裡為了方便解說而說明如上。

　　再者，公開金鑰密碼系統是將用公開金鑰加密的數據，以私密金鑰來解密，還原為原始數據。本節說明的數位簽章，則是將用私密金鑰加密的數據，以公開金鑰來解密，還原為和原始訊息相同的內容，應用這樣的性質來傳送訊息。換言之，即使對調金鑰的使用順序，也能產生相同效果。雖然並非所有的公開金鑰密碼系統都具備這樣的性質，但如 RSA 加密法就滿足這項條件。

　　能用 A 的公開金鑰解密的密文，只有 A 本人才能製作。因此，可以確認傳送訊息者是 A，以及訊息未遭竄改。

　　此外，只擁有公開金鑰的 B 無法製作 A 的簽章，所以也具備不可抵賴性的功能。

補充

公開金鑰密碼系統不管加密或解密都較費時。為了縮短執行時間，實際上不是直接加密訊息，而是先求出訊息的雜湊碼，再對雜湊碼加密做為簽章（參見下圖）。

▶參考：5-3 雜湊函數 p.144

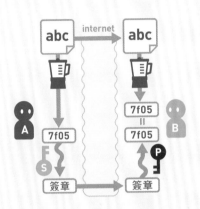

數位簽章雖然具備「身分鑑別」、「檢查訊息完整性」、「不可抵賴性」的功能，但仍有一個問題。

B 以為用數位簽章傳輸訊息的傳送者是 A，但其實可能是不懷好意的 X 偽裝成 A。

問題的根本原因是，用公開金鑰密碼系統時，無法得知公開金鑰的擁有者身分。收到的公開金鑰裡，並未包含任何可表示製作者的資訊，有可能是偽裝成 A 的其他人所製作的公開金鑰。

這個問題可以用下一節解說的「數位憑證」機制來解決。

▶參考：5-10 數位憑證 p.186

No.

5-10
數位憑證
digital certificate

　　公開金鑰密碼系統和數位簽章的機制，無法確保公開金鑰確實是通訊對象擁有。因此，如果不懷好意的第三人調換公開金鑰，收訊者無法察覺。利用本節說明的數位憑證機制，就能確保公開金鑰的真實性。

01

internet

B

A 擁有成對的公開金鑰 PA 和私密金鑰 SA，打算把公開金鑰 PA 傳送給 B。

02

internet

 PA

CA

首先，A 要向憑證機構（certification authority, CA）申請發行憑證，證明公開金鑰 PA 是自己的。

03

internet

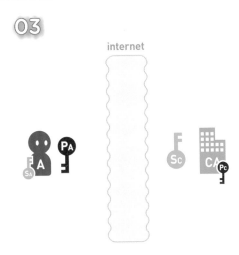

憑證機構本身具備準備好的公開金鑰
Pc 和私密金鑰 Sc 。

04

internet

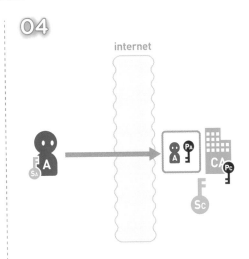

A 把公開金鑰 Pᴀ 和包含電子郵件地址的
個人資訊傳送給憑證機構。

05

internet

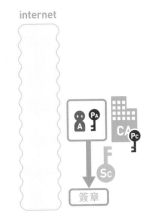

簽章

憑證機構確認傳來的資訊是否為 A 本人所有。確認完畢後,用憑證機構的私密金鑰 Sc,
將 A 的數據製作成數位簽章。

重點

憑證機構是管理數位憑證的組織。基本上任何人都可以成為憑證機構,所
以這類機構數量龐大,但選擇政府機關或接受審計監察的大企業等值得信
賴的組織較安全。

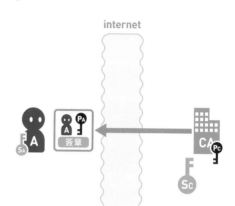

憑證機構將製作完成的數位簽章和數據整合成一個電子檔。

接著,憑證機構把電子檔傳送給 A。

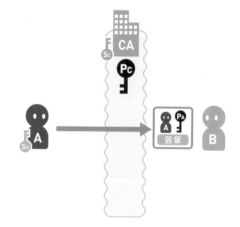

這個電子檔就是 A 的數位憑證。

取代公開金鑰,A 把數位憑證傳送給 B。

10

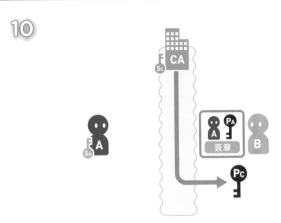

B 確認收到的憑證中所記
的電子郵件地址是 A 的。
接著，B 取得憑證機構的
公開金鑰。

11

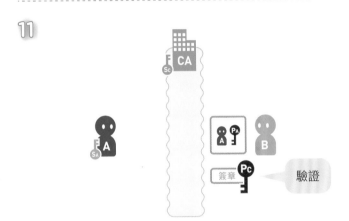

驗證

B 驗證憑證內的簽章是否
為憑證機構所發行。憑證
的簽章只能用憑證機構的
公開金鑰 Pc 來驗證。換
言之，驗證無誤的話，就
能確認該憑證確實是由憑
證機構發行。

12

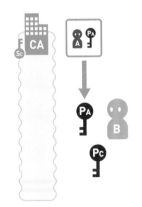

確認憑證是由憑證機構所
發行且隸屬於 A 之後，
從憑證中取出 A 的公開
金鑰 Pᴀ。這樣就完成了
把公開金鑰從 A 傳送給 B
的步驟。

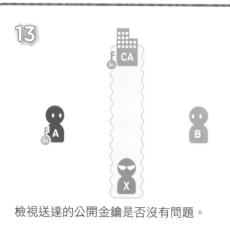

檢視送達的公開金鑰是否沒有問題。

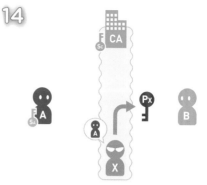

假設不懷好意的 X 偽裝成 A，要將公開金鑰 Px 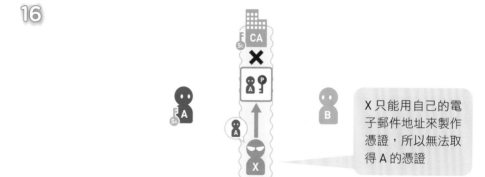 傳送給 B。

這種情況 X 無法
偽裝成 A

然而，B 不需要相信不是以憑證方式傳來的公開金鑰。

X 只能用自己的電
子郵件地址來製作
憑證，所以無法取
得 A 的憑證

如果 X 要偽裝成 A，在憑證機構登錄自己的公開金鑰呢？因為 X 沒有 A 的電子郵件地址，所以無法發行憑證。

解說

藉由數位憑證的機制，可以確認公開金鑰的製作者身分。

但在前述的 ⑩ 中，B 雖然取得了憑證機構的公開金鑰，卻產生一個問題。

B 取得的公開金鑰 Pc，真的是憑證機構製作的嗎？

公開金鑰本身並不具備確認製作者的方法，所以可能是 X 偽裝成憑證機構製作而成。也就是說，關於公開金鑰又出現了相同的問題（參見下圖）。

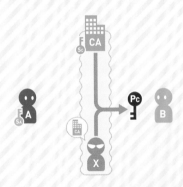

事實上，這個憑證機構的公開金鑰 Pc，也會以數位憑證的方式提供。因此，這個憑證機構的憑證發行者，就是更上層的憑證機構（參見下圖）。

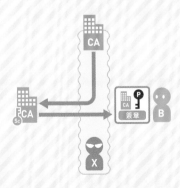

憑證機構形成如次頁圖的樹狀結構，上層的憑證機構製作下層憑證機構的憑證。

接著來看憑證機構的樹狀結構是如何產生的。舉例來說，假設已經有一個廣受社會信賴的憑證機構 A。現在新公司 B 也展開憑證機構服務，缺乏一般大眾的信任。

因此，B 公司請 A 公司發行數位憑證。當然，A 公司會確認 B 公司的憑證服務是否恰當運作。如果 A 公司願意發行數位憑證，就表示 B 公司獲得 A 公司的信任。像這樣較大的組織替小型組織的信用度做擔保，就構成了樹狀結構。

位在最上層的憑證機構稱為「根憑證機構」（root CA），自己的真實性由本身來證明。而根憑證機構用來證明自己的憑證，稱為「根憑證」（root certificate）。根憑證機構的組織本身如果不值得信賴，就不會有人使用，所以根憑證機構多為大企業或政府機關等已經獲得社會信賴的組織。

補充

前述說明都是個人之間收發公開金鑰的情況，但與網站進行通訊時，也會用到數位憑證。從網站取得附有公開金鑰的憑證，就能確認這個網站並非由第三人偽裝。

這種憑證稱為「伺服器憑證」（server certificate），同樣是由憑證機構發行。個人的憑證是與電子郵件地址綁在一起，伺服器憑證則是與網域連在一起。換言之，透過憑證可以確認管理這個網站網域的組織，以及管理存放網站內容的伺服器的組織，兩者是同一個。

這樣的社會機制，可以讓數位憑證透過憑證機構，來確保公開金鑰的製作者身分。這一連串機制稱為「公開金鑰基礎架構」（public-key infrastructure, PKI，或稱公開金鑰基礎建設）。

第 **6** 章

分群

6-1 何謂分群？

把類似的東西分類

分群（clustering）是當數據眾多時，把「類似的」數據分類成組的操作。這些個別的組稱為「群集」（cluster）。在下面的例子中，每個點代表數據，平面上標示在鄰近位置的點表示具有類似性質的數據。這些數據被分成三個群集。

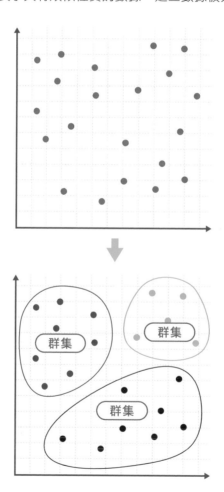

如何決定什麼是「類似的」？

▶ 定義數據間的距離

根據什麼來決定數據是否「類似」，因數據類別而異。具體而言，必須定義兩個數據間的「距離」。下面舉例說明。

某高中的某次段考，要將一學年共 400 人的國語、數學和英文的分數數據化，用「擅長和不擅長某科目的類似程度」為基準來進行分群。

此時，用 (國語分數 , 數學分數 , 英文分數) 來將每個學生數據化，可以定義兩個數據 (j_1, m_1, e_1) 和 (j_2, m_2, e_2) 的距離為 $(j_1-j_2)^2 + (m_1-m_2)^2 + (e_1-e_2)^2$。距離相近的數據，可視為「類似的數據」。

▶ 符合條件的演算法

即使定義了數據間的距離，還是有各種分群的方法。例如，「想設群集個數為 10」、「想設一個群集內的數據數（學生人數）為 30 ～ 50 之間」、「想設一個群集內的最大距離為 10 以下」等各種條件。這取決於進行分群的原因為何。

舉例來說，如果目的是為了暑期輔導分班，則要因應老師和教室數量而限制群集維持一定個數，而且根據教室大小，某種程度也限制了群集內能容納的數據量。像這樣配合各種條件，有許多可用的分群演算法。

下一節將介紹最基本也最具代表性的分群演算法，稱為「k-means 演算法」。這個名稱得名自分群的群集個數剛好是 k 個。

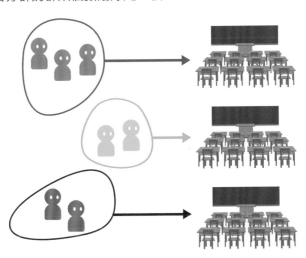

No.

6-2

k-means 演算法
k-means algorithm

　　k-means 演算法是分群演算法的一種。這種演算法事先決定群集個數,再根據個數來分組。

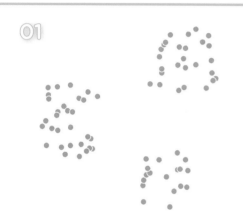

01

首先,準備用來進行分群的數據。接著,決定群集個數。本例中,假設群集個數為3。在這裡,數據用點來表示,並以兩點間的直線距離做為數據間的距離。

02

隨機設定 3 個點做為群集的中心點。

03

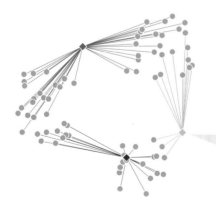

這裡用色線連結各數據與最近的中心點

計算得出各數據離哪個中心點最近。

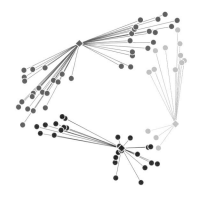

將各數據分類到分別決定好的群集。這樣就形成了 3 個群集。

移動中心點，有時會改變
數據的「最近的中心點」

計算各群集的數據重心，將群集的中心點移動到重心。

再次計算距離最近的群集中心點後，重新將各數據分類到群集內。

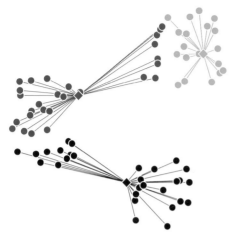

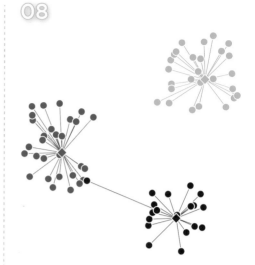

07

08

反覆進行「把各數據分類到群集內」和
「把中心點移動到重心」，直到中心點收
斂（不再移動）為止。

反覆進行到第三次後，變成如上圖所示。

09

可以確認類似的數據
恰當分類在一起

反覆進行完畢第四次後，變成如上圖所示。即使繼續進行，中心點也不再移動，所以結束
操作。這樣就完成分群了。

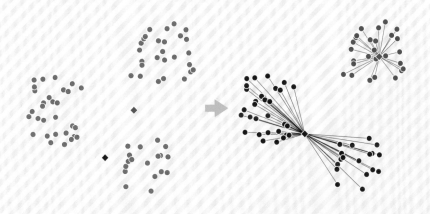
解説

k-means 演算法經過反覆操作，最後中心點必定收斂至某處，數學上已證明這一點。

這裡假設群集個數為 3，用同樣的數據而群集個數為 2 時，分類如下圖。

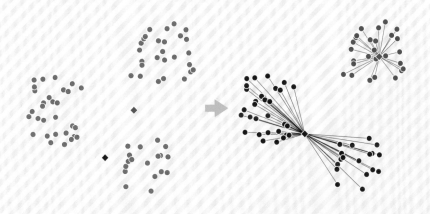

這時位在左半部和下方的兩組數據被分類成一個群集。因為 k-means 演算法必須事先決定群集個數，設定個數不恰當的話，可能無法得到有意義的結果。

無須固定群集個數也沒影響的情況下，可以事先分析數據推測恰當的群集個數，或者嘗試改變群集個數並反覆進行 k-means 演算法等。

此外，即使群集個數為 2，最初設定的中心點位置不同，分類可能變成如下圖。

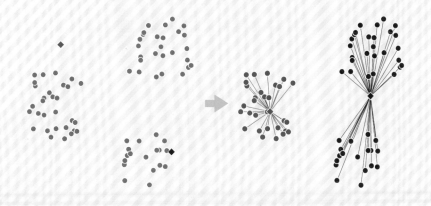

　　與前面的圖示不同，位在右上部和右下部的兩組數據被分類成一個群集。順帶一提，即使群集個數相同，根據隨機設定的最初中心點位置，分群的結果也會不同，這是分群所具有的性質。因此，可隨機改變中心點的初始設定，反覆運用 k-means 演算法計算，從中選出分類最佳的結果。

⚑ 補充

　　除了 k-means 演算法之外，還有很多種分群演算法，其中最著名的是稱為「階層式分群法」（hierarchical clustering）的方法。這種演算法和 k-means 演算法的不同之處在於，一開始不必設定群集個數。

　　初始狀態時，各數據各自形成一個群集。換句話說，如果有 n 個數據，就有 n 個群集。接下來，進行「將最靠近的兩個群集合併成一個群集」的操作 n－1 次。每進行一次操作就減少一個群集，進行 n－1 次後，整體就變成一個群集。過程中各個階段使用不同群集個數的分群來分類。只要選擇其中最佳的分類即可。

　　不過，每次進行合併群集的操作時，為了決定「最靠近的兩個群集」，必須定義群集間的距離。根據定義方式不同，有「最短距離法」、「最長距離法」、「群平均法」（group average method）等數種演算法。

第7章

數據壓縮

7-1　數據壓縮和編碼

▌將數據變短的編碼是「壓縮」

　　電腦是用 0 或 1 排列的二進位來處理數據，用二進位表現的數據稱為數位數據（digital data）。即便是文字，電腦也是用數位數據來處理，比如「A」這個文字用「01000001」來表示的轉換規則（參照下圖）。

　　電腦上處理圖像或聲音等類比數據（analog data）時，也必須轉換成二進位。將類比數據轉換成數位數據，這種數據的轉換稱為編碼（encoding）（參照下圖）。

　　在編碼的過程中，編碼後的數據比編碼前小的話，稱為「壓縮」。

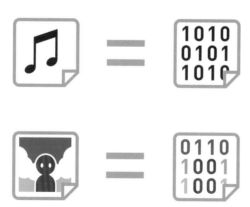

▍在這章的學習

　　這章要解説兩種具體編碼的演算法，運行長度編碼（run length code）和霍夫曼編碼（Huffman code）。

　　霍夫曼編碼是編碼的重要性質，也會解説唯一可解編碼可能性（uniquely decodable）和瞬時編碼（instantaneous code）的可能性。

　　運行長度編碼適用於圖像的壓縮，具體而言是應用在 FAX 等。

　　霍夫曼編碼是為了有效率地壓縮數據，而用於 zip 形式的壓縮或是 JPEG 的圖檔。

運行長度編碼的利用例子

霍夫曼編碼的利用例子

No. 7-2 運行長度編碼
run length code

　　運行長度編碼是將程式碼和其連續次數為一組來編碼的方法。在這節來看和比較簡單的編碼相比,用運行長度編碼壓縮的原理。此外也說明適合與不適合使用運行長度編碼的數據。

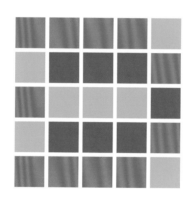

試著將用 3 個顏色畫成的 5x5 方格的圖像編碼。這裡不會馬上轉換成 0 或 1 的二進位,而是來思考換成文字。首先用比較簡單的方法。

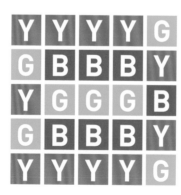

將 3 個顏色分別劃分為 Y(Yellow)、G(Green)和 B(Blue)的文字。

03

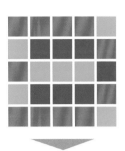

Y Y Y Y G G B B B Y
Y G G G B G B B B Y
Y Y Y Y G

以圖形的左上為起點，一行一行地轉換成 Y、G、B 的文字，結果轉換成 25 個文字的編碼。接著，試著將這個圖像用運行長度編碼轉換成比 25 個文字更短的文字。

04

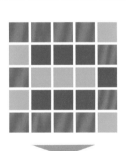

結果減少 5 個程式碼，壓縮成 20 個文字。

Y 4 G 2 B 3 Y 2 G 3
B 1 G 1 B 3 Y 5 G 1

運行長度編碼是將程式碼和其連續次數為一組來編碼的方法。比方說，最初的「YYYY」用「Y4」來表現，可以減少兩個文字。重複同樣的步驟，完成運行長度編碼。

重點　如果知道圖像是由如同 04 的一行 5 格而形成的，就能從原圖抽出編碼，這是相對於「壓縮」的步驟，稱為「解壓縮」。

05

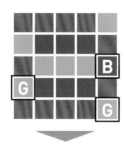

Y 4 G 2 B 3 Y 2 G 3
B 1 G 1 B 3 Y 5 G 1

有適合和不適合使用運行長度編碼的數據。看編碼後的數據，整體而言文字個數雖然減少，但沒有相同顏色連續的地方，使用運行長度編碼的話，字數會增加。

06

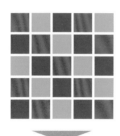

Y 1 G 1 B 1 Y 1 G 1
B 1 Y 1 G 1 B 1 Y 1
G 1 B 1 Y 1 G 1 B 1
Y 1 G 1 B 1 Y 1 G 1
B 1 Y 1 G 1 B 1 Y 1

比方説缺乏連續性的數據，使用運行長度編碼的話，編碼會變成方格兩倍的 50 字。

07

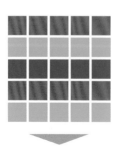

Y 5 G 5 B 5 Y 5 G 5

反之，將如左圖有連續性的數據用運行長度編碼轉化，編碼是 10 個字。相較於原本的 25 個文字，壓縮比率相當好。像這樣運行長度編碼會依據要轉換的數據，而有壓縮效果佳和沒有效果的情況。

解説

一般而言，比起缺乏連續性的文字數據，運行長度編碼比較適合用在圖像數據的壓縮。

這節是將圖像轉換成文字的編碼，實際在電腦上會更進一步將文字轉換成二進位。將文字轉換成數據的方法，將在霍夫曼編碼的章節解說。

○ 參考：7-3 唯一可解編碼 p.208
○ 參考：7-4 瞬時編碼 p.212
○ 參考：7-5 霍夫曼編碼 p.216

7-3

唯一可解編碼
uniquely decodable code

在 7-2 節最後提到的「霍夫曼編碼」是用於 JPEG 或 ZIP 等圖像或檔案的壓縮。在進入霍夫曼編碼的解說之前，首先說明編碼兩個重要的性質「唯一可解編碼的可能性」和「瞬時編碼的可能性」。

01

ABAABACD

舉例來思考「ABAABACD」的字串，透過網路傳輸的情況。數據是轉換成 0 和 1 的二進位編碼來傳送。

02

ASCII

A = 0 1 0 0 0 0 0 1

B = 0 1 0 0 0 0 1 0

C = 0 1 0 0 0 0 1 1

D = 0 1 0 0 0 1 0 0

比方說用「ASCII」的文字編碼，將「A」、「B」、「C」、「D」分別編碼。ASCII 是將 1 個文字用 8bit 的編碼來表示。

03

ABAABACD
▽

0 1 0 0 0 0 0 1
0 1 0 0 0 0 1 0
0 1 0 0 0 0 0 1
0 1 0 0 0 0 0 1
0 1 0 0 0 0 1 0
0 1 0 0 0 0 0 1
0 1 0 0 0 0 1 1
0 1 0 0 0 1 0 0

依據 ASCII，試著把「ABAABACD」的字串編碼，結果數據是 64bit。為了減少數據的傳輸量，來思考看看如何將字串轉換成比 64bit 更小的編碼。

重點 ASCII 為了區別並管理許多文字，一個文字用 8bit 的編碼來表示。然而像
「ABAABACD」的字串，僅使用4個文字，所以只要能區別4個文字的編碼
看起來可行。

04

$$A = 0\ 0$$

$$B = 0\ 1$$

$$C = 1\ 0$$

$$D = 1\ 1$$

用簡單的例子來說，像這樣設定編碼的規則，一個文字用 2bit 的編碼表示。

05

ABAABACD

▼

0 0 0 1 0 0 0 0 0 1 0 0 1 0 1 1

依據規則來編碼「ABAABACD」，結果數據變成 16bit，大大地減少。

重點 因為是擅自設定的規則，所以也必須把編碼規則跟接受文字的那一方說。
不過為了方便起見，這邊的說明不考慮必須傳輸編碼規則的數據量。

06

ABAABACD

▼

**00,01,00,00
01,00,10,11**

▼

ABAABACD

接收文字的那一方為了還原編碼，將程式碼以兩個字為單位來分割，對照規則把編碼還原，取得原本的字串「ABAABACD」。

07

ABAABACD

A = **0**

B = **1**

C = **1 0**

D = **1 1**

試著思考比「ABAABACD」還小的編碼。之前的規則是用 2bit 的編碼表示一個文字，這邊用 1bit 的編碼表示「A」、「B」，能轉換成更小的編碼。

08

ABAABACD

▼

0 1 0 0 1 0 1 0 1 1

根據規則將「ABAABACD」轉換成編碼。結果數據的大小是 10bit，變得更小。

不過「ABAABACD」的字串中，比起「C」和「D」，使用更多「A」和「B」。由此得知，不選「C」和「D」，而是將「A」和「B」用 1bit 的編碼表示較佳。

09

A B A A B A C D

▼

0 1 0 0 1 0 1 0 1 1

A＝0，B＝1，C＝10，D＝11

▼

A B A A B A C D

接收編碼的那一方在還原編碼時，對照轉換的規則還原每個編碼即可，但……

10

A B A A B A C D

▼

0 1 0 0 1 0 1 0 1 1

A＝0，B＝1，C＝10，D＝11

▼

A C A C C D
A B A A C B A D
：

比方說「10」這個編碼可以轉換成「BA」和「C」，因此會得到不同的結果。同理其他編碼也會還原成各種文字，而無法得到原本且唯一的字串。像這樣從編碼無法決定唯一的結果，稱為「無法取得唯一可解」。

解說

在這裡使用的編碼規則並不是很合理的設定，如果不想發生這樣的情況，需要能讓對方還原到想傳送的字串，設定編碼規則為「能取得唯一可解」。

No. 7-4

瞬時編碼
instantaneous code

　　當出現轉換表上有的編碼，能夠即時還原成原本的文字，稱為「瞬時編碼」。和 7-3 節的唯一可解編碼一起運用，就是有效率的編碼和還原時不可或缺的設定。

01

$$A = 0$$

$$B = 0\ 0\ 0\ 0\ 1$$

為了方便起見，這裡的例子如圖所示將「A」和「B」編碼。根據這個編碼的規則，來思考使用編碼「000001」時的還原步驟。

02

還原時，從前面的數字依序來看

$$0\ 0\ 0\ 0\ 0\ 1$$

$$A = 0, B = 0\ 0\ 0\ 0\ 1$$

第一個字是「0」，只看這個字，無法判斷是表示「A」還是「B」的一部分。

0 0 0 0 0 1

A = 0 , B = 0 0 0 0 1

到第二個字的數字是「00」，無法判斷是表示「AA」還是「B」的一部分。

0 0 0 0 0 1

A = 0 , B = 0 0 0 0 1

進一步看到第三個字的數字是「000」，無法判斷是表示「AAA」還是「B」的一部分。同理到第四個數字無法判斷，到第五個數字也無法判斷。

05

0 0 0 0 0 1

A = 0 , B = 0 0 0 0 1

A B

最後看到第六個數字「1」，可以判斷最前面的「0」是「A」，後面的「00001」是「B」。

000001

A = 0 , B = 00001

▽

A B

「000001」這個數字可以還原成唯一的字串「AB」，這點沒問題。當出現轉換表裡的編碼，能夠即時決定原本的文字，稱為「瞬時編碼」，但像這個例子，不看後面的文字就無法判斷原本的文字，就不是「瞬時編碼」，因此還原編碼很費工夫。有效率的編碼和還原，需要同時具備「唯一可解編碼」和「瞬時編碼」。接下來要介紹的霍夫曼編碼就是「唯一可解編碼」和「瞬時編碼」

　　從 7-3 節和 7-4 節（本節）看的例子，來思考兩個編碼規則的問題點在哪。

　　試著將第一個編碼規則可視化（下圖）。當給予某個編碼時，第一個字是「0」時確定為「A」。然而如果是「1」時，有可能是「B」、「C」，或是「D」的一部分。

A = 0 , B = 1 , C = 10 , D = 11

⓪— **A**

① ⓪— **C**

◆ **B**

①— **D**

同樣地試著將第二個編碼規則可視化。

A＝0, B＝00001

給予某個編碼時，第一個字只可能是「0」。然而這個「0」有可能是「A」，或是「B」的一部分。因此為了實現「唯一可解編碼」和「瞬時編碼」，需要具備「不管什麼編碼，都不能包含在其他編碼的前端」的條件。之前兩個例子都沒達到這個條件。

7-5

霍夫曼編碼
Huffman code

　　這邊來看使用霍夫曼編碼的轉換。霍夫曼編碼是「能取得唯一可解」的「瞬時編碼」。計算每個文字的出現機率，來做樹狀結構（tree structure）。

01

A 50%

B 25%

C 12.5%

D 12.5%

最初先計算各個文字出現的機率。比方說像英文的自然語言，從統計數據來計算。這裡只用 A ～ D4 個字，假設機率如圖所示。

02

A 50%

B 25%

C 12.5%

D 12.5%

接著依出現機率低的順序搜索兩個文字，這裡的結果是「C」（12.5%）和「D」（12.5%）。用線連結這兩個數字，做成樹狀結構。

03

A 50%

B 25%

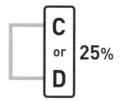 **25%**

將兩個數字合成「C or D」，相加出現機率。把「C or D」想成一個字，重複同樣的操作。

04

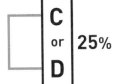

A 50%

B 25%

C or **D** 25%

從「A」、「B」、「C or D」的 3 個文字中，依出現機率低的順序搜索兩個文字。此時的結果是「B」（25%）和「C or D」（25%）。

05

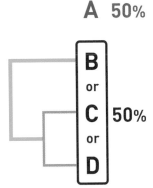

A 50%

B or **C** or **D** 50%

用線連結兩個文字，做成樹狀結構。將兩個文字合成「B or C or D」，相加出現機率。把「B or C or D」想成一個字。

06

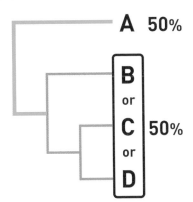

A 50%

B or **C** or **D** 50%

同樣步驟選擇依出現機率低的順序搜索兩個文字，最後剩下「A」和「B or C or D」兩個字。

07

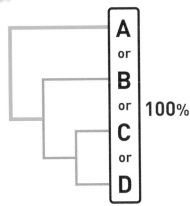

A or **B** or **C** or **D** 100%

用線連結兩個字，做成樹狀結構。所有的文字形成一個「A or B or C or D」，出現機率理所當然變成 100%。

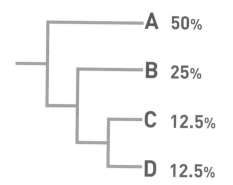

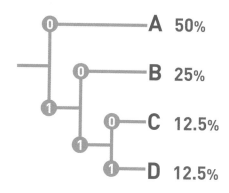

此時完成用來引導霍夫曼編碼的樹狀結構。接著轉換成用 0 和 1 的編碼，再次出現各個文字的出現機率。

將 0 和 1 分配在上下延伸的各個枝節，相反的分配也沒問題。

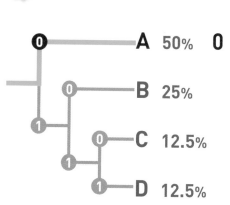

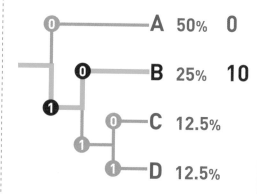

接著從樹的根開始往各個文字，決定相對應的編碼。「A」的話，對應到的編碼是「0」。

「B」的話，對應到的編碼是「10」。

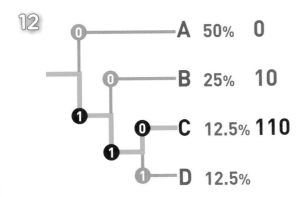

「C」的話，對應到的編碼是「110」。

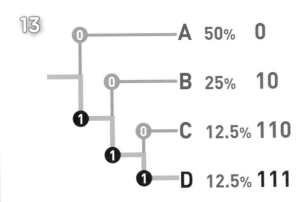

「D」的話，對應到的編碼是「111」，至此完成使用霍夫曼編碼的編碼過程。用這個編碼規則來編碼「ABAA-BACD」字串。

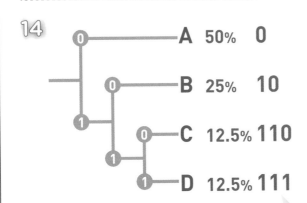

「不管什麼編碼，都不能包含在其他編碼的前端」在樹狀結構清楚可見，因此實現了「唯一可解編碼」和「瞬時編碼」。

出現機率越高的文字，會分配到 bit 越小的編碼，得知編碼的效率佳。

解說

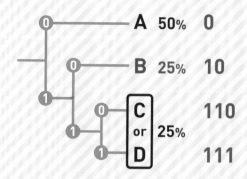

具體來看編碼的高效率。這個例子中，比起「A」的出現頻率（50%），「C or D」的出現頻率（25%）比較低。因此用 3bit 來表示「C」或「D」，用 1bit 來表示「A」較有效率，也反映在結果上。使用編碼規則來試著編碼「ABAABACD」。

ABAABACD

01000100110111

結果如上圖是 14bit，比起一個字用 2bit 表示（16bit）相比，編碼更短。

第 8 章

其他的演算法

No.
8-1
輾轉相除法
Euclidean algorithm

輾轉相除法是求兩數的最大公因數（greatest common divisor, GCD）的演算法，可說是世上最古老的演算法。雖然無法確定發明的年代，但最早能追溯到西元前 300 年左右的歐幾里得著作，所以也稱為「歐幾里得演算法」（歐氏演算法）。

01

$$1112 \qquad 695$$

具體來看輾轉相除法之前，先以 1112 和 695 為例來計算最大公因數。

02

$$1112 = \boxed{139} \times 2 \times 2 \times 2$$

$$695 = \boxed{139} \times 5$$

$$\boxed{139} \cdots GCD$$

一般的做法是因數分解兩個數，從共同的質數中求出最大公因數。1112 和 695 的最大公因數是 139。但兩個數越大，越難用因數分解來得出質數。輾轉相除法能夠更有效率地求出最大公因數。

03

1112　　695

接著來看輾轉相除法的進行方式吧。

04

1112 mod 695　=

首先，用較大的數除以較小的數，求出餘數。換言之，用 mod 運算對較大的數和較小的數進行計算。第 5 章曾提過 mod 運算是求除法後餘數的演算法。A mod B，表示 A 除以 B 的餘數 C。

● 參考：5-7 迪菲－赫爾曼金鑰交換加密法 p.164

05

1112 mod 695　=　417

相除後求出餘數是 417。

06

1112 mod 695　=　417
695 mod 417　=　278

這次用被除數 695 和餘數 417 進行 mod 運算。結果是 278。

07

1112 mod 695　=　417
695 mod 417　=　278
417 mod 278　=　139

反覆進行同樣的操作。用 417 和 278 進行 mod 運算，求出 139。

08

1112 mod 695　=　417
695 mod 417　=　278
417 mod 278　=　139
278 mod 139　=　0

用 278 和 139 進行 mod 運算，求出餘數是 0。也就是說，278 能被 139 整除。

09
$$1112 \bmod 695 = 417$$
$$695 \bmod 417 = 278$$
$$417 \bmod 278 = 139$$
$$278 \bmod 139 = 0$$
139 … GCD

當餘數為 0，最後一次計算中的除數 139，即為 1112 和 695 的最大公因數。

10

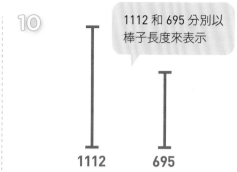

1112 和 695 分別以棒子長度來表示

1112   695

為什麼用輾轉相除法能求出最大公因數呢？用圖解來想想看吧。

11

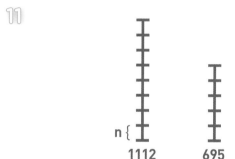

n {
1112   695

實際上並不知道兩個棒子上的刻度有多少，但知道 1112 和 695 都是最大公因數 n 的倍數

假設最大公因數是 n，設為一單位的刻度。因為已找到最大公因數是 139，為了方便理解，將 1112 設為 8 個刻度，695 設為 5 個刻度。

12

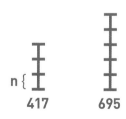

n {
417   695

從此圖得知，417 也是能以 n 劃出整數單位刻度的數

這裡進行與前面相同的計算，用較大的數除以較小的數，求出餘數。結果是 417。

13

這裡的餘數 278 也是 *n* 的整數倍的數

n{ 417   278

和前面一樣，反覆進行 mod 運算。用 695 除以 417，求出餘數 278。

14

n{ 139   278

再次計算。因為 278 能被 139 整除……

15

n{ 139   0

餘數是 0。這時便得知最大公因數 *n* 是 139。

解說

　　像這樣，輾轉相除法只要反覆進行除法，就能求出最大公因數。即使運算的兩個數很大，也能用明確步驟有效率地求出最大公因數，成為輾轉相除法的一大優點。

No.
8-2

質數判定法
primality test

　　質數判定法是判定某個自然數是否為質數的方法。質數是除了 1 和自己本身之外，沒有其他因數的大於 1 的自然數。從最小的質數開始依序是 2、3、5、7、11、13……。現代加密技術中經常使用的「RSA 加密」，就是利用非常大的質數。在 RSA 加密中，「質數判定法」扮演非常重要的角色。

▶ 參考：5-5 公開金鑰密碼系統　p.152

①

3599

舉例來說，試著判定 3599 這個數是否為質數。比較單純的方式是，從數 2 開始依序除 3599，看看能否整除，來確認是不是質數。所謂「整除」，代表用求餘數的 mod 運算所計算的結果是 0。3599 的平方根是 59.99……，用 2 到 59 的數依序進行 mod 運算即可。

②

3599 ≠ 質數

3599 mod 2 　= 1　✓

3599 mod 3 　= 2　✓

⋮　　　　⋮　⋮

⋮　　　　⋮　⋮

3599 mod 58 = 3　✓

3599 mod 59 = 0　❗

實際進行 mod 運算的結果，3599 可以用 59 整除。換言之，結果是 3599 並非質數。但用這個方法來判定是否為質數，數越大則演算時間越長，相當不實際。「費馬質數判定法」（Fermat primality test）可以解決這個問題。

03

費馬質數判定法

5

費馬質數判定法是判定某數「質數可能性大小」的方法。先來看質數擁有的性質,以便進一步了解費馬質數判定法。舉例來說,思考質數 5 這個數的性質。

04

$5 = $ 質數

$4^5 = 1024$

$3^5 = 243$

$2^5 = 32$

$1^5 = 1$

分別將比質數 5 小的數自乘 5 次,計算結果如上所示。

05

$5 = $ 質數

$4^5 (= 1024) \mod 5 = 4$

$3^5 (= 243) \mod 5 = 3$

$2^5 (= 32) \mod 5 = 2$

$1^5 (= 1) \mod 5 = 1$

接著,分別對這些次方計算後的數進行 mod 運算,求除以 5 的餘數。計算結果如上所示。

06

$5 = $ 質數

$4^5 (= 1024) \mod 5 = 4$

$3^5 (= 243) \mod 5 = 3$

$2^5 (= 32) \mod 5 = 2$

$1^5 (= 1) \mod 5 = 1$

觀察原始的數和餘數,會發現兩者相同。

07

$5 = $ 質數

$n < 5$

$n^5 \mod 5 = n$

由此可知,對質數 5 而言,上式成立。

08

$$p = 質數$$

$$n < p$$

$$n^p \bmod p = n$$

其實不僅是 5，對所有的質數 p，都已證明上式成立。這稱為「費馬小定理」（Fermat's little theorem）。

用是否滿足費馬小定理來判定質數的方法，就是「費馬質數判定法」。

09

113

這裡就用費馬質數判定法來判定 113 這個數是否為質數吧。

10　113 = 質數(?)

$$64^{113} \bmod 113 = 64 \;✓$$
$$29^{113} \bmod 113 = 29 \;✓$$
$$15^{113} \bmod 113 = 15 \;✓$$

可以從比 113 小的數當中適當選出三個數 n，這三個數分別自乘 113 次，求除以 113 的餘數。不管哪一個數，原始的數和餘數都相同。因此，可以得出 113 是質數的結論。

解說

　　隨著確認原始的數和餘數是否相同的次數增加，該數為質數的確定性隨之提高。不過，要確認所有比 p 小的數非常費時。實際上，以幾個數確認的結果，能判斷該數為質數的可能性很高的話，可判定該數為「可能質數」（probable prime）。

　　比方說，RSA 加密使用的質數判定，就是改良費馬質數判定法而成的「米勒－拉賓質數判定法」（Miller–Rabin primality test）。這個方法是反覆檢驗後，非質數的機率小於 0.5 的 80 次方時，就判定該數為質數。

補充

　　檢驗對象的數 p 是質數時，比 p 小的所有的數 n，都滿足 $n^p \bmod p = n$。然而，所有的 n 都滿足這個算式，並不代表該數一定是質數。原因是在極低的機率下，的確存在所有的 n 都滿足算式的合數（composite number，非質數的自然數）。

　　比方說，561 這個數是可以用 $3 \times 11 \times 17$ 表示的合數，而非質數。但是比 561 小的所有的數都滿足上述算式。

　　這樣的合數稱為「卡邁克爾數」（Carmichael number）或「絕對偽質數」（absolute pseudoprime）。下面為部分由小到大排列的卡邁克爾數，可以看出這種數非常少。

561	1105	1729
2465	2821	6601
8911	10585	15841
29341	41041	46657
52633	62745	63973

小知識

　　能否依據輸入數字長度的多項式階數演算法來判定質數（不是機率，而是確定），長久以來一直是未解的問題。然而，2002 年，三位印度數學家證明了用這種演算法來判定質數是可行的。這種判定法稱為「AKS 質數判定法」（AKS primality test），得名自三位發明者的姓氏首字母（馬寧德拉・阿格拉沃〔Manindra Agrawal〕、尼拉賈・卡亞爾〔Neeraj Kayal〕、尼丁・薩克納〔Nitin Saxena〕）。不過因為多項式的階數很高，實務上多半利用費馬質數判定法等高速的方法。

No.

8-3

字串比對
string matching

　　從很長的文章（稱為「文章」（test））中，要鎖定想搜尋單字（稱為「字串」（pattern））的位置，稱為字串比對（string matching）。這是現在幾乎所有的文書編輯工具都具備的功能。

01

文章　c a b a b a b c a b c a c ...

字串　a b c a

這裡要簡單說明，所以文字設定只有 a、b、c 3 種，想搜尋的字串是 [abca]。首先將字串對上文章的最左邊，從左依序一個字一個字對照。

02

文章　c a b a b a b c a b c a c ...

字串　a b c a

第一個字對不上，失敗。

03

文章　c a b a b a b c a b c a c ...

字串　　a b c a

將字串往右移動一個字。

04

文章　c a b a b a b c a b c a c ...

字串　　a b c a

同樣步驟從頭依序對照，第一個字和第二個字有對上，但第三個字對不上，失敗。

05

文章　c a b a b a b c a b c a c ...

字串　　　　a b c a

將字串往右移動一個字，重複進行同樣的步驟。

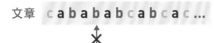

06

文章　c a b a b a b c a b c a c ...

字串　　　　　　　a b c a

此時全部的字都對上，找到字串。

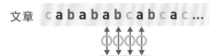

07

文章　c a b a b a b c a b c a c ...

字串　　　　　　　　　　a b c a

進行同樣的步驟，這裡也找到字串。

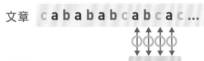

解說

　　假設文章的長度是 n，字串的長度是 m。如果固定字串的位置，比對文字的次數最多 m 回。因為字串的位置有 $n - m + 1$ 個，比對的次數最多是 $m(n - m + 1)$ 次，也就是運作 $O(nm)$ 時間。

🚩 補充

　　上述的 $O(nm)$ 是設想最糟的情況，實際上文字的種類非常多，多數的情況在第一個字比對失敗所以移動字串。也就是說，對照字串位置 m 次的比對也不會成功。實際運用可以想成非常高速地運作。

字串尋找演算法
Knuth-Morris-Pratt algorithm

8-3 節看起來很簡單的演算法,在比對文字失敗時,將字串往右移動一個字。但根據不同場景,也有可能大幅度地移動,藉此提高演算法的速度。

01

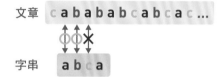

文章　c a b a b a b c a b c a c ...

字串　a b c a

回想 8-3 節簡單的演算法,當比對失敗時⋯⋯

02

文章　c a b a b a b c a b c a c ...

字串　　a b c a

像這樣將字串往右移動一個字,再次進行比對。

03

文章　c a b a b a b c a b c a c ...

字串　　a b c a

此次第一個字就失敗了。

知道這裡是 b

文章　c a b a b a b c a b c a c...

字串　　a b c a

即便往右移動一個字，也知道和字串第一個字的 a 對不上。

然而不試也知道，因為上一次成功比對到第二個字，所以已經確認文章裡對應到字串的第二個字是 b。

05

文章　c a b a b a b c a b c a c...

字串　　　　a b c a

因此得知移動一個字也沒用，就能一次往右移動兩個字來進行搜尋。

06

文章　...a b a b a b c a b...

字串　　a b a b c

注意這邊的字串跟前面不同。

所以當比對失敗時，可以一口氣移動到失敗的地方嗎？這並不成立，從上面的例子來看，此時在字串的第五個字比對失敗。

07

文章 ...a b a b a b c a b...

字串 　　　　a b a b c

一口氣將字串移動到比對失敗的地方……

08

文章 ...a b a b a b c a b...

字串 　　　　a b a b c

結果超過應該能比對上的字串。

09

文章 ...a b a b a b c a b...

字串 　　　　a b a b c

正確作法是像這樣往右移動兩個字。

10

除了 c 以外

文章 ...a b a b ? ....

字串 　　a b a b c

在比對字串的第五個字失敗時，獲得的文章資訊如圖，寫有「？」的地方如果是 a 的話，那將字串往右移動兩個字，也有可能比對成功。

11

文章 ....

字串 　a b c a b b a

為了方便說明，使用跟前面不同的字串。

那比對失敗時，如何得知該往右移動幾個字呢？假設比對字串的第六個字失敗。

12

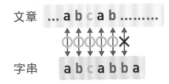

文章　... a b c a b ....

字串　a b c a b b a

此時得知對應到字串的第一個字到第五個字，文章裡也有和字串相同的文字。

13

文章　... a b c a b ....

字串　a b c a b b a　往右移動一個字

　　　　　a b c a b b a　往右移動兩個字

　　　　　　a b c a b b a　往右移動三個字

從這個情況可知，即便往右移動一個字或兩個字都會失敗。然而往右移動三個字的話，仍有比對成功的可能性。因此比對字串到第六個字失敗時，往右移動三個字即可。

14

字串的複製　a b c a b

字串　a b c a b b a

在 13 的圖中，為了便於理解寫出文章，但 13 的計算是只有字串也能執行。也就是說在比對字串的第六個字失敗時，想計算要往右移動幾個字的話，來思考字串第一個字到第五個字的複製……

15

字串的複製　a b c a b

字串　←→　a b c a b b a
移動三個字

將字串往右移動時，只需移動不會失敗的最小字數即可。

16

字串的複製　a b c a b b

字串　a b c a b b a

再試一次。如果比對字串的第七個字失敗時，想計算往右移動的字數，複製字串的第一個字到第六個字……

17

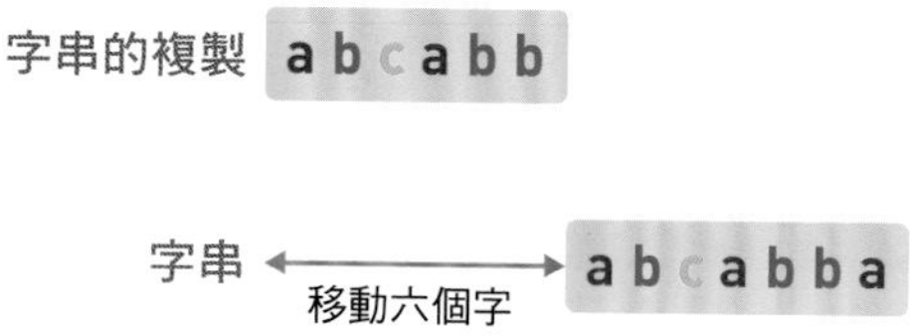

字串的複製　a b c a b b

字串 ←　移動六個字　→ a b c a b b a

調查不會失敗的往右移動最小字數，結果是六個字，一口氣往右移動六個字。

18

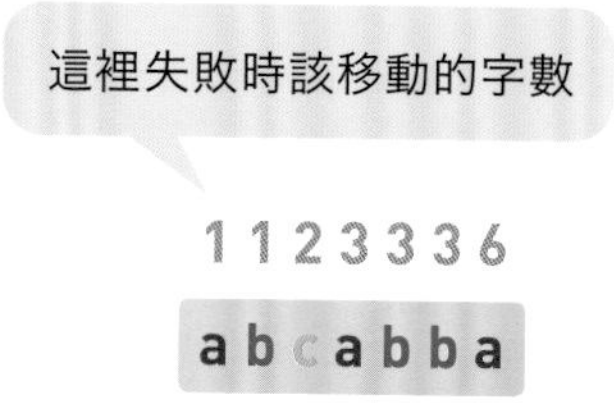

這裡失敗時該移動的字數

1 1 2 3 3 3 6

a b c a b b a

用這個方法在字串的各個文字中，計算「這裡失敗時該移動的字數」的話如同上圖。事先從字串來計算的話，無須在搜索的過程中一次一次地計算。

19

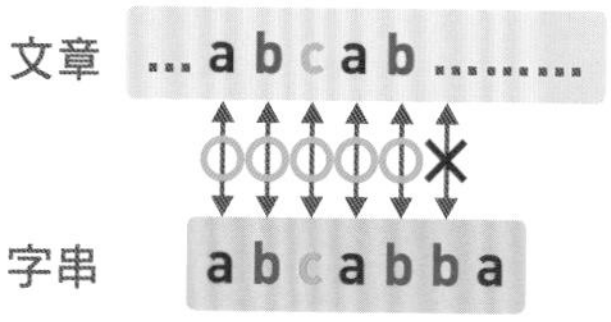

文章　... a b c a b ....

字串　a b c a b b a

還有一個方法，試著倒回 12 的圖。在比對字串第六個字失敗時……

20

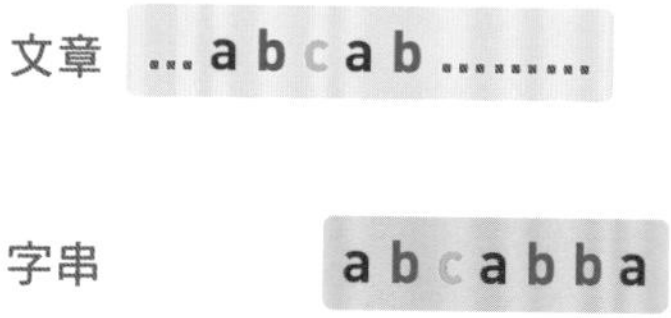

文章　... a b c a b ....

字串　　　　a b c a b b a

往右移動 3 個字。

21

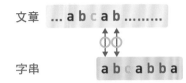

簡單的演算法是從字串的第一個字開始比對，開頭的兩個字「ａｂ」不用查也能配上。因為這裡有重疊，所以移動的字數不是 5 個字，而只能移動 3 個字。

22

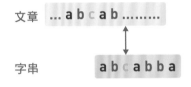

總之，在文章上對照文字的位置是不能倒退，而是從失敗的地方開始比對即可。

因此，可以無視字串的第一和第二個字（因為有配上），從第三個字開始比對即可。從文章的部分來看，這個位置等於前一次的失敗位置。

解説

像這樣字串尋找演算法是用「可以一口氣移動字串」和「比對位置無法倒退只能前進」的兩個想法來提升簡單演算法的計算速度。計算字串應移動字數的事前處理時間 $O(m)$，實際比對字串時間是 $O(n)$，整體的時間是 $O(n+m)$。

No.
8-5

網頁排名
PageRank

網頁排名是在搜尋網站上用來決定搜尋結果排序的演算法。著名的例子是，Google 藉由使用這種演算法的搜尋引擎，成為世界級企業。

01

> **algorithm**

1. **History of Algorithms**
············
···· ······· ···

2. **Sorting algorithm**
············
···· ······· ···

3. **Algorithm Library**
········
···· ······· ···

> 搜尋結果的排序越前面，
> 判斷為網頁價值越高

網頁排名是根據網頁之間的連結結構，來計算出網頁價值的演算法。來看到計算出結果為止的具體過程。

02

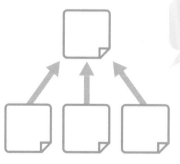

> 這張圖表示下面三個網頁有張貼
> 連結到上面一個網頁

方形表示網頁，箭頭表示網頁間的連結。在網頁排名裡，張貼連結數越多，判斷為網頁越重要。

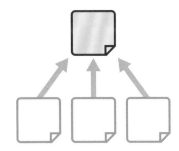

在這張圖中，判斷上面的網頁為最重要的網頁。實際上，透過計算，可以將各網頁的重要程度數值化。接下來說明基本計算方法的概念。

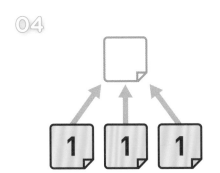

設定沒有被張貼連結的網頁分數為 1。

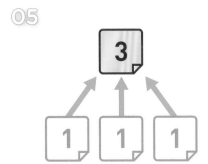

有被張貼連結的網頁分數，是張貼連結的網頁的分數總和。

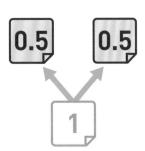

然而，當網頁的連結被張貼在複數個網頁時，連結的分數被平分。

07

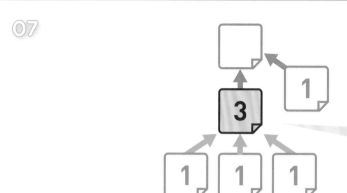

三個獨立網頁張貼連
往圖中央網頁的連
結,所以其分數是 3

網頁排名的思考邏輯是,匯集眾多網頁可連結到的某網頁中所張貼的連結,價值更高。

08

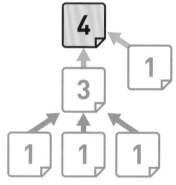

圖中六個網頁裡,
判斷最上方的網頁
為最重要的網頁

最上方網頁的連結被張貼在分數 3 的網頁裡,所以分數很高。以上就是網頁排名的基本思
考邏輯。

09

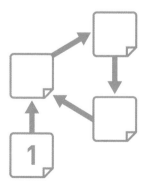

然而,這個方法在連結形成迴路時會產生問題。

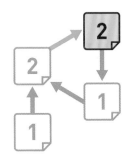

依序計算各網頁的分數時,將形成無限迴路,迴路裡的網頁分數無止境地變高。

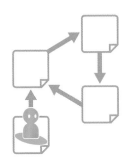

迴路問題可以用稱為「隨機漫遊模型」(random surfer model)的計算方法來解決。想想上網的人如何瀏覽網頁吧。

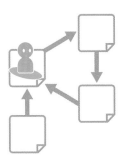

某天登入雜誌介紹的看起來很有趣的網頁。從左下的網頁出發,透過連結移動到其他網頁。

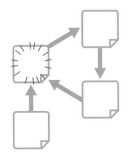

瀏覽幾個網頁後,覺得膩了而結束上網。

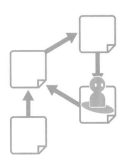

之後某一天,這次是從朋友推薦的其他完全不同的網頁開始上網。

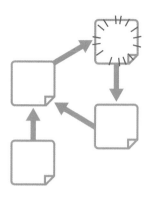

15

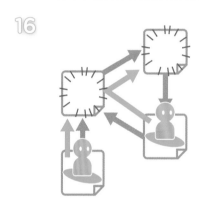

這次也是透過連結移動到其他網頁，覺得膩了而結束上網。就像這樣，從某個網頁開始瀏覽，在幾個網頁間移動後結束，反覆進行這樣的動作。

16

將視角放在網際網路空間上來看這樣的動作。上網的人看起來像是反覆進行著在網頁間移動不特定次數後，轉移到完全不同的其他網頁的行為。

17

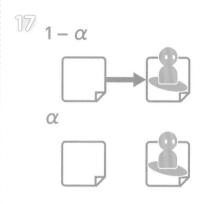

$1 - \alpha$

α

定義上網的人的動作如下：均等機率地從目前所在網頁裡的連結中選擇其一的機率是 $1 - \alpha$；均等機率地轉移到其他任一網頁的機率是 α。

小知識

Google 沒有廣告收入的草創時期，作家暨編輯凱文・凱利（Kevin Kelly）問創辦人之一的賴利・佩吉（Larry Page）：「為什麼一開始提供免費的網路搜尋服務？」據說後者的回答是：「我們真正在做的是 AI 呀。」[1]

※1 《必然：掌握形塑未來30年的12科技大趨力》（*The Inevitable: Understanding the 12 Technological Forces That Will Shape Our Future*），貓頭鷹出版，2017年6月。

18

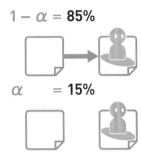

$$1 - \alpha = 85\%$$

$$\alpha \quad = 15\%$$

這裡假設轉移的機率 α 是 15%。根據這個定義，試著模擬網頁間的遷移。

19

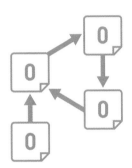

> 與之前一樣，
> 思考連結形成
> 迴路的情況

各網頁上的數字表示上網的人造訪網頁的次數。現在是模擬前，所有的數字皆為 0。

20

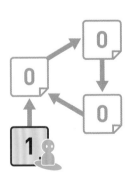

根據定義進行模擬，各網頁的造訪次數出現差異。

21

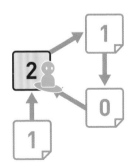

模擬中……

22

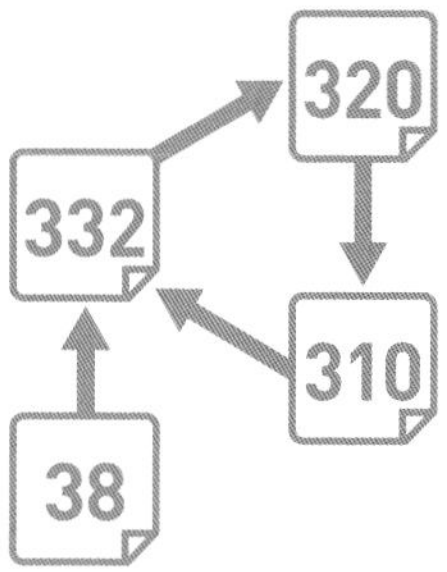
320
332
310
38

持續模擬到網頁的造訪總次數為 1000 次時，形成如上的結果。

23

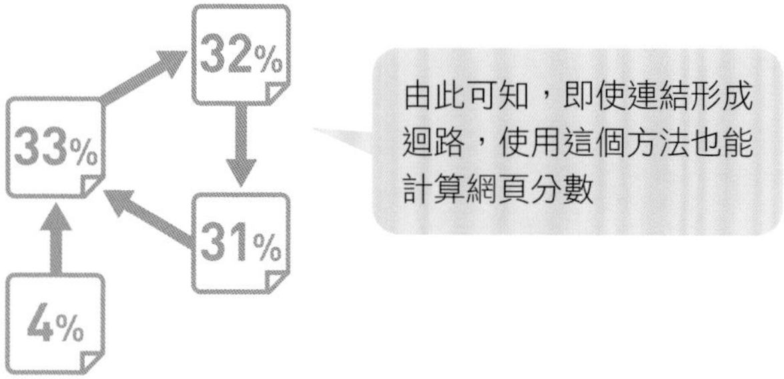
32%
33%
31%
4%
由此可知，即使連結形成迴路，使用這個方法也能計算網頁分數

將次數換成比例，結果如上圖。這個數值可說是表示「在某時點，瀏覽該網頁的機率」。直接把結果做為網頁的分數，就是隨機漫遊模型的方法*2。

*2 實際上不是模擬，而是用更有效率的計算方法。即使採用計算的方式，計算結果也與模擬結果幾乎無異。

24

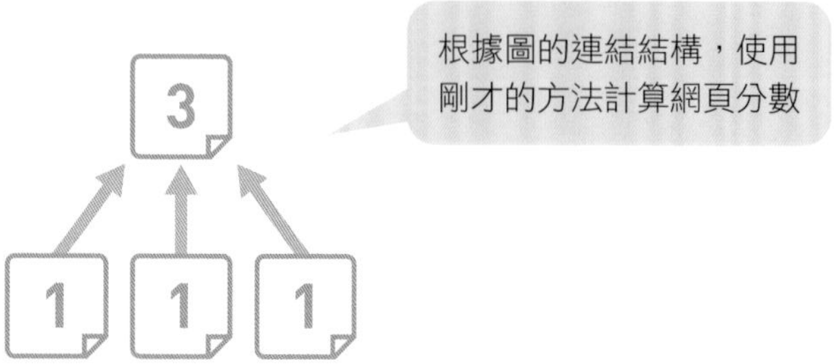
根據圖的連結結構，使用剛才的方法計算網頁分數
3
1
1
1

最後確認網頁排名的數值，是否和最初說明的連結權重分數計算結果一致。

25

因為各數值已四捨五入，總和不等於 1，
但可以看出結果與先前的計算值很接近。

26

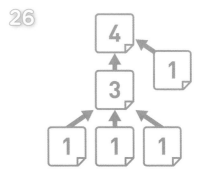

也用前面介紹的連結結構來計算分數。

27

像這樣把連結的權重分數
換成造訪機率來做計算，
就是網頁排名的機制

可以看出這裡的結果也與先前的結果很接近。

解說

　　以往的搜尋網站主要是以關鍵字以及與網頁內文章的關聯性，來決定搜尋結果的排序。這個方法沒有考慮到網頁內是否包含有用的資訊，搜尋結果的精確度不高。

　　Google 提供了使用網頁排名的搜尋系統，這個系統非常好用，使 Google 成為世界級企業。但現在 Google 搜尋結果的排序，不是只用網頁排名來決定。

　　然而，從連結結構來算出網頁價值的概念，以及連結形成迴路時也能計算，這兩點仍無庸置疑讓網頁排名稱得上是劃時代的演算法。

河內塔
tower of Hanoi

　　河內塔是移動圓盤的遊戲。雖然是簡單的遊戲，但這個例子能幫助我們輕鬆理解遞迴演算法（recursive algorithm）。

▌遊戲規則

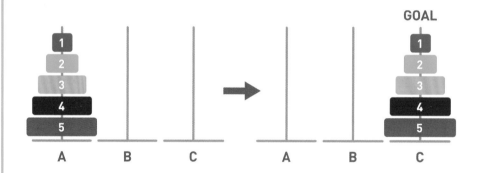

　　左圖中，有 ABC 三根杆子，A 杆上掛著 5 個圓盤。這是初始狀態。將 5 個圓盤保持順序移動到 C 杆，遊戲就可過關。

　　移動圓盤時，有下面兩個條件。

▶ 移動條件

①每次只能移動 1 個圓盤。
②大圓盤不能疊在小圓盤上面。

在上述條件下，將圓盤暫時移至 B 或 C，以便讓遊戲過關。

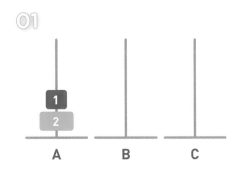

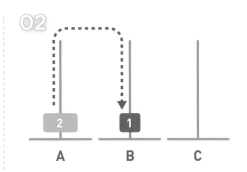

最初先說明 2 個圓盤的情況。

因為小圓盤在最上面，可以移動到 B。

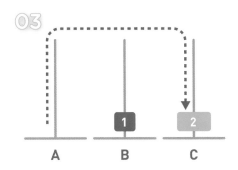

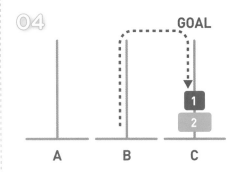

把大圓盤移動到 C。

把小圓盤移動到 C，移動完畢。確認有 2 個圓盤時，可移動到終點。

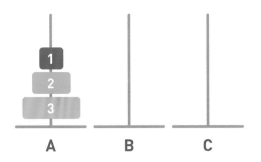

當圓盤有 3 個時，又會如何呢？先忽略最大的圓盤，試著把剩下的圓盤移動到 B。

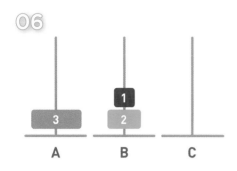

運用前面將 2 個圓盤移動到 C 的訣竅，把剩下的圓盤移動到 B。

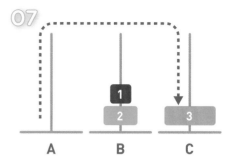

此時把最大的圓盤移動到 C。

運用前面的訣竅，把 B 的 2 個圓盤移動到 C。確認即使有 3 個圓盤，也可移動到終點。
事實上，無論遊戲中有幾個圓盤，都能全部移動到終點。接下來用數學的歸納法來證明。

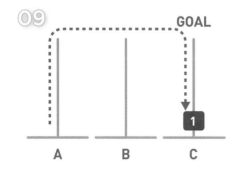

有 1 個圓盤時，可移動到終點。

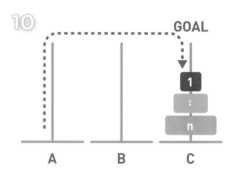

假設有 n 個圓盤時，可移動到終點。

11

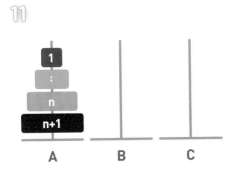

思考要移動 $n + 1$ 個圓盤的情況。

12

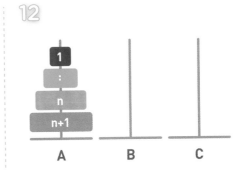

忽略最大的圓盤。

13

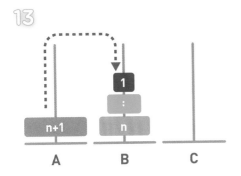

根據假設，因為能夠移動 n 個圓盤，所以把 n 個圓盤移動到 B。

14

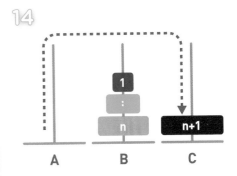

把最大的圓盤移動到 C。

15

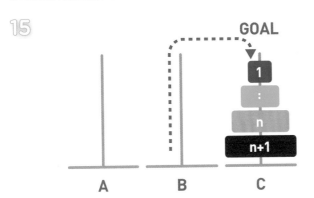

用數學的歸納法證明，不管有幾個圓盤都能移動到終點

把位在 B 的 n 個圓盤移動到 C。移動完畢。

解說

　　上述說明可能讓人覺得跳得太快，要解 n 個圓盤的河內塔，只要利用 $n-1$ 個圓盤的河內塔解法就可以了。而要解 $n-1$ 個圓盤的河內塔，就利用 $n-2$ 個圓盤的河內塔解法。依此類推，最後會回到 1 個圓盤的解法。

　　像這樣在演算法中，重複將問題分解為同類的子問題來解決問題的方法，稱為「遞迴」。這種遞迴的思考法運用於各種演算法，這類演算法便稱為「遞迴演算法」。2-6 節的合併排序、2-7 節的快速排序，都是遞迴演算法的例子。

▶ 參考：2-6 合併排序　p.070
▶ 參考：2-7 快速排序　p.074

⚑ 補充

　　這裡來思考遞迴演算法的執行次數。

　　假設解 n 個圓盤的河內塔，執行次數為 $T(n)$。1 個圓盤時用 1 步就結束了，所以 $T(1)=1$。n 個圓盤時，首先要將上面的 $n-1$ 個圓盤從 A 移動到 B，為 $T(n-1)$ 步，把最大的圓盤移動到 C 是 1 步，把位在 B 的 $n-1$ 個圓盤移動到 C 是 $T(n-1)$ 步，所以 $T(n)=2T(n-1)+1$。

　　解開算式可得 $T(n)=2^n-1$。執行次數比這個結果還少的解法並不存在。

作者簡介

石田保輝 Moriteru Ishida

自由業工程師。2011 年京都大學研究所碩士課程結業。曾任職於幾家新創公司，後獨立成為自由業。2016 年製作上架以工程師為對象的學習 APP「アルゴリズム図鑑」。上架後不到一年即達成全世界 50 萬次下載，獲選「Apple 2016 年度最佳APP」。

宮崎修一 Shuichi Miyazaki

兵庫縣立大學資訊科學研究科教授。1998 年九州大學大學院博士（工學）課程結業。1998 年起擔任京都大學研究所情報學研究科助理，2002 年升任助理教授，2007 年為副教授，2022 年從事現職。從事演算法和計算複雜性理論的研究，近來鑽研近似演算法和線上演算法。主要著作為《圖論入門：基礎與演算法》（グラフ理論入門～基本とアルゴリズム，2015 年，森北出版）、《穩定匹配的數理與演算法：追求不出問題的分配》（安定マッチングの数理とアルゴリズム～トラブルのない配属を求めて～，2018 年，現代数学社）、《演算法理論基礎》（アルゴリズム理論の基礎，2019 年，森北出版）。

譯者／陳彩華

成功大學材料工程系畢，赴日就讀國貿，歷經業務、施工現場、產業廢棄物處理等工作，目前在日本主要從事電腦與 IT 系統管理工作。
兼職譯者，業餘馬拉松跑者以及重度文字中毒者。譯有《圖解建築施工入門》、《樓梯，上上下下的好設計》、《圖解建築物理環境入門》等書。

《演算法圖鑑》特典
「七大主題演算法圖解記憶表」說明

本書書末拉頁為《演算法圖鑑》購入特典「七大主題演算法圖解記憶表」，統整了書中精華內容圖解，包括「資料結構」、「陣列的搜尋」、「圖形搜尋」、「排序」、「圖形演算法」、「數據壓縮」、「字串比對」，讀者可沿虛線剪下後張貼或隨身攜帶，方便您做為複習或掌握概要之用。

科普漫遊 FQ1048X

演算法圖鑑 全新增訂版
33種演算法＋7種資料結構，人工智慧、數據分析、邏輯思考的原理和應用全圖解

作　　　者	石田保輝、宮崎修一
譯　　　者	陳彩華
審　訂　者	謝孫源
責 任 編 輯	顧立平（一版）、謝至平（二版）
封 面 設 計	曾國展
日文版設計	植竹裕（UeDESIGN）

發　行　人	涂玉雲
編 輯 總 監	劉麗真
總　編　輯	謝至平
出　　　版	臉譜出版
	城邦文化事業股份有限公司
	台北市民生東路二段141號5樓
	電話：886-2-25007696　傳真：886-2-25001952
發　　　行	英屬蓋曼群島商家庭傳媒股份有限公司城邦分公司
	台北市中山區民生東路141號11樓
	客服專線：02-25007718；25007719
	24小時傳真專線：02-25001990；25001991
	服務時間：週一至週五上午09:30-12:00；下午13:30-17:00
	劃撥帳號：19863813　戶名：書虫股份有限公司
	讀者服務信箱：service@readingclub.com.tw
	城邦網址：http://www.cite.com.tw
香港發行所	城邦（香港）出版集團有限公司
	香港灣仔駱克道193號東超商業中心1樓
	電話：852-25086231　傳真：852-25789337
馬新發行所	城邦（新、馬）出版集團 Cité (M) Sdn Bhd
	Cite (M) Sdn. Bhd. （458372U）
	41, Jalan Radin Anum, Bandar Baru Seri Petaling, 57000 Kuala Lumpur, Malaysia.
	電話：+6(03)-90563833　傳真：+6(03)-90576622
	電子信箱：services@cite.my

初 版 一 刷	2017年12月
二 版 一 刷	2023年8月
二 版 二 刷	2024年3月

版權所有・翻印必究
ISBN 978-626-315-334-9（紙本書）
ISBN 978-626-315-340-0（EPUB）

定價：550元

城邦讀書花園
www.cite.com.tw

（本書如有缺頁、破損、倒裝，請寄回更換）

アルゴリズム図鑑 増補改訂版
(Algorithm Zukan Johokaiteiban: 7243-9)
© 2023 Moriteru Ishida, Shuichi Miyazaki
Original Japanese edition published by SHOEISHA Co.,Ltd.
Traditional Chinese Character translation rights arranged with SHOEISHA Co.,Ltd.
through AMANN CO., LTD.
Traditional Chinese Character translation
copyright © 2023 by Faces Publications, A Division of Cité Publishing Ltd.

國家圖書館出版品預行編目資料

演算法圖鑑 全新增訂版：33種演算法+7種資料結構,人工智
慧、數據分析、邏輯思考的原理和應用全圖解/石田保輝,
宮崎修一著；陳彩華譯. -- 二版. -- 臺北市：臉譜出版, 城邦
文化事業股份有限公司出版：英屬蓋曼群島商家庭傳媒股
份有限公司城邦分公司發行, 2023.08
　　面；　　公分. -- (科普漫遊；FQ1048X)
譯自：アルゴリズム図鑑
ISBN 978-626-315-334-9(平裝)

1.CST: 演算法

318.1
112009397

圖解記憶

- 圖形搜尋
- 排序

演算法圖鑑

購入特典

SE
SHOEISHA

摘錄自『アルゴリズム圖鑑』（石田保輝／宮崎修一〔著〕、邦冰社〔刊〕）

廣度優先搜尋

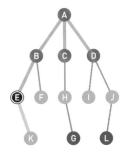

圖形搜尋的演算法。要搜尋指定的頂點（目標頂點）時，從離起點近的頂點依序橫向搜尋。

深度優先搜尋

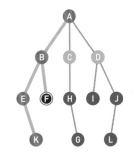

圖形搜尋的演算法。要搜尋指定的頂點（目標頂點）時，針對單一路徑縱向深入搜尋。

貝爾曼–福特演算法

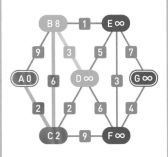

解決圖形最短路徑問題的演算法。計算並更新所有的邊的權重，反覆操作直到不須更新權重為止。

戴克斯特拉演算法

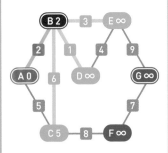

解決圖形最短路徑問題的演算法。邊逐一判定往各頂點的最短路徑，邊搜尋圖形。

A* 演算法

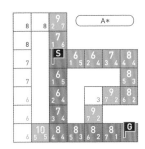

從戴克斯特拉演算法所發展出來的演算法。預先設定推測權重做為參考，利用該資訊來減少無謂搜尋的改良方式。

氣泡排序

5 9 3 1 2 8 4 7 6

反覆進行「由右往左，將相鄰的數兩兩相比後重新排列」的操作，以排序數據。最小值像氣泡一樣，看起來就像由右往左浮動過去。

選擇排序

min

反覆進行「搜尋數列中的最小值，將它與最左邊的數對調」的操作，以排序數據。

插入排序

4 ←

從數列的左邊開始，往右依次排序下去。在尚未排序完成的右邊未搜尋領域中取出一個數，插入已排序完成的領域中的適當位置。

堆積排序

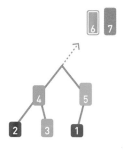

利用資料結構的堆積來排序。如果堆積是遞降次序，具有能由大到小依序取出數的性質，只要把數反向重排，就能完成排序。

合併排序

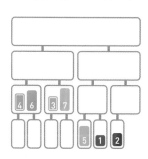

將想要排序的數列分割成幾乎等長的兩個數列。直到無法再分割，整合各組數列來排序。

快速排序

基準值

從數列中選擇一個數做為基準（基準值），其他的數分為「比基準值小的數」和「比基準值大的數」兩個群組，再分別排序。

- 圖形演算法
- 數據壓縮
- 字串比對

演算法圖鑑

購入特典 SE SHOEISHA

圖形演算法

克魯斯克爾演算法

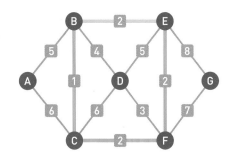

這是用來找圖形的最小生成樹的演算法。在維持「不能閉路」的條件，從權重小的邊開始選，直到連接到全部的頂點。

普林演算法

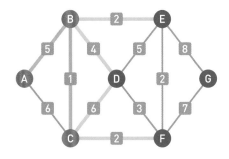

用來找圖形的最小生成樹的演算法，這個演算法是用「領域」的概念來思考。反覆選擇連結領域內和領域外的最小權重的邊，擴大領域到連結所有頂點。

配對演算法

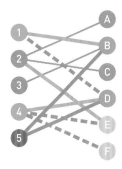

將「增加路徑」應用到這裡的配對，以獲得規模大一號的配對。反覆前述動作來擴大配對的大小，最終求出最大規模的配對。

運行長度編碼

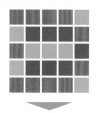

Y 4 G 2 B 3 Y 2 G 3
B 1 G 1 B 3 Y 5 G 1

將程式碼和其連續次數設為一組來編碼的方法。一般而言，比起缺乏連續性的數據，這個方法更適用於圖像數據的壓縮。

霍夫曼編碼

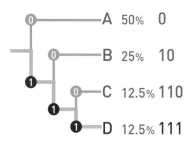

根據各個文字出現的比例，來製作樹狀結構，從而得知編碼的效率佳。此外，同時滿足「唯一可解編碼」和「瞬時編碼」的條件，所以能有效率地還原編碼。

單純地字串比對

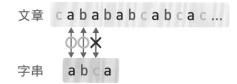

將字串逐字移動地比對，找到包含字串的特定位置。理論上，最糟的情況會花費相當多的時間，但在處理日文或英文這類的語言時，實際運用是可以視為高速運作的。

字串尋找演算法

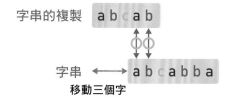

用「可以一口氣移動字串」和「比對位置無法倒退只能前進」的兩個想法，可以提升簡單的字串比對演算法的計算速度。